建设机械岗位培训教材

混凝土泵车操作

中国建设教育协会建设机械职工教育专业委员会
美 国 设 备 制 造 商 协 会
中 国 建 设 教 育 协 会 秘 书 处
组织编写

中国建筑工业出版社

图书在版编目（CIP）数据

混凝土泵车操作/中国建设教育协会建设机械职工教育专业委员会等组织编写. —北京：中国建筑工业出版社，2008

建设机械岗位培训教材

ISBN 978-7-112-10512-0

Ⅰ. 混… Ⅱ. 中… Ⅲ. 混凝土输送泵—技术培训—教材 Ⅳ. TU646

中国版本图书馆 CIP 数据核字（2008）第 177237 号

本书为建设机械岗位培训教材之一。主要内容包括混凝土泵车的用途和分类、混凝土泵车的安全规程、混凝土泵车的操作、混凝土泵车的维护保养与常见故障，附录中还介绍了三一重工混凝土泵车故障的诊断与排除、德国 Pm 公司混凝土泵车常见故障及其排除方法和泵送混凝土基本知识等内容。可供相关专业技术人员参考使用。

责任编辑：朱首明　李　明
责任设计：郑秋菊
责任校对：王　爽　陈晶晶

建设机械岗位培训教材
混凝土泵车操作
中国建设教育协会建设机械职工教育专业委员会
美　国　设　备　制　造　商　协　会
中　国　建　设　教　育　协　会　秘　书　处
组织编写

*

中国建筑工业出版社出版、发行（北京西郊百万庄）
各地新华书店、建筑书店经销
北京永峥排版公司制版
北京市密东印刷有限公司印刷

*

开本：850×1168 毫米　横 1/32　印张：4½　字数：140 千字
2009 年 1 月第一版　2009 年 8 月第二次印刷
定价：14.00 元
ISBN 978-7-112-10512-0
(17437)

版权所有　翻印必究
如有印装质量问题，可寄本社退换
（邮政编码：100037）

《建设机械岗位培训教材》编审委员会

主 任 委 员： 荣大成

副主任委员： 李守林　艾尔伯特·赛维罗（美国）

委　　　员： 丁燕成　王　莹　王院银　王银堂　丹尼尔·茂思（美国）

　　　　　　 马可及　马志昊　孔德俊　史　勇　田惠芬（兼秘书）

　　　　　　 安立本　刘文兴　刘　斌　刘想才　李　云　李　红

　　　　　　 李　凯　李增健　李宝霞　冯彩霞　赵义军　赵剑平

　　　　　　 陈润余　苏才良　张广中　张　博　张　铁　张　健

　　　　　　 陈　燕　郑大桥　涂世昌　郭石群　周凤东　周东蕾

　　　　　　 周祥森　周澄非　杨光汉　盛春芳　黄　璨　黄　正

前　言

　　建设机械岗位培训教材《混凝土泵车操作》，是根据建设部为提高建设机械施工队伍人员整体素质水平的指示精神，和中国建设教育协会与美国设备制造商协会签订的"建设机械培训合作项目"计划的要求，并针对我国目前从事混凝土泵车操作人员的文化水平等实际情况而编写的。

　　建设机械岗位培训教材《混凝土泵车操作》的出版发行，将对建设机械岗位培训工作产生重要的影响。该教材中借鉴了国内外许多高水平培训教材的编写理念、风格及编写的方式、方法。

　　该教材的读者定位是：混凝土泵车操作人员及培训教员。因此，该教材更适合于操作国内外各种品牌、机型的混凝土泵车操作人员的培训需要。

　　该教材力求使混凝土泵车操作人员通过对本教材的学习，掌握操作混凝土泵车所必须的安全技术方面的基础知识和通用的、基本的、实用的操作技能，保证设备安全可靠的运行。教材语言简练、通俗易懂；图文并茂，易于理解和使用。

　　该教材由在混凝土泵车行业内具有国际影响力、代表混凝土泵车先进水平的主要知名企业和单位共同编写的。他们为教材的编写工作提供了有力的支持。这些单位是：长沙中联重工科技发展股份有限公司、普茨迈斯特机械（上海）有限公司等。

　　该教材由长沙中联重工科技发展股份有限公司周东蕾、徐建华先生和茨迈斯特机械（上海）有限公司马志杲先生统稿主编。原长沙建设机械研究院院长陈润余先生和原长沙建设机械研究院混凝土机械研究室室主任，教授级高工盛春芳先生主审。参加编审的人员还有原普茨迈斯特机械（上海）有限公司朱善基先生在这里一并向他们表示衷心的感谢！

　　真诚希望从事混凝土泵车操作的工作人员能够在培训教员的指导下，认真学习这本教材，让它陪伴您安全地度过每一个既紧张、又快乐的工作日。这是教材编写工作人员的最大心愿。

　　因时间仓促，本教材中不妥之处在所难免，恳请提出宝贵意见。

目 录

一、混凝土泵车的用途与分类 …………………………………………………… 1
  （一）混凝土泵车的用途 ………………………………………………… 1
  （二）混凝土泵车的分类 ………………………………………………… 1
  （三）混凝土泵送设备的工作原理 ……………………………………… 5
  （四）臂架系统的基本构造 ……………………………………………… 11
  （五）底盘部分 …………………………………………………………… 13
  （六）混凝土泵车的基本构造 …………………………………………… 18
  （七）国内外主要产品介绍 ……………………………………………… 25

二、混凝土泵车的安全规程 ……………………………………………………… 30

三、混凝土泵车的操作 …………………………………………………………… 44
  （一）混凝土泵车行驶状态的操作 ……………………………………… 44
  （二）混凝土泵车支腿的操作 …………………………………………… 46

（三）混凝土泵车作业状态的操作 …………………………………… 48
　　（四）混凝土泵车单边支撑的特殊状况介绍 …………………………… 56
四、混凝土泵车维护保养与常见故障 …………………………………… 67
　　（一）维护与保养 ………………………………………………………… 67
　　（二）泵送系统常见故障 ………………………………………………… 83
　　（三）上装部分常见故障 ………………………………………………… 88
附录一　三一重工混凝土泵车故障的诊断与排除 ……………………… 94
附录二　德国 Pm 公司混凝土泵车常见故障及其排除方法 ………… 108
附录三　泵送混凝土基本知识 …………………………………………… 123
主要参考文献 ………………………………………………………………… 136

一、混凝土泵车的用途与分类

（一）混凝土泵车的用途

混凝土泵车是将混凝土拌合料的泵送机构和用于布料的液压卷折式布料臂架和支撑机构集成在汽车底盘上，集行驶、泵送、布料功能于一体的高效混凝土输送设备。适应于城市建设、住宅小区、体育场馆、立交桥、机场等建筑施工时混凝土的输送。

（二）混凝土泵车的分类

1. 按臂架长度分类

短臂架：臂架垂直高度小于30m；

常规型：臂架垂直高度大于等于30m小于40m；

长臂架：臂架垂直高度大于等于40m小于50m；

超长臂架：臂架垂直高度大于等于50m。

其主要规格有：24m、28m、32m、37(36)m、40m、42m、45(44)m、48(47)m、50m、52m、56(55)m、60(58)m、62m、66(65)m。

 混凝土泵车操作

2. 按泵送方式分类

主要有活塞式、挤压式,另外还有水压隔膜式和气罐式。目前,以液压活塞式为主流,挤压式仍保留一定份额,主要用于灰浆或砂浆的输送,其他形式均已淘汰。

3. 按分配阀类型分类

按照分配阀形式可以分为:S 阀、闸板阀、裙阀和蝶阀等。目前,使用最为广泛的是 S 阀,具有简单可靠、密封性好、寿命长等特点;在混凝土料较差的地区,闸板阀也占有一定的比例。

4. 按臂架折叠方式分类

臂架的折叠方式有多种,按照卷折方式分为 R(卷绕式)形、Z(折叠式)形、RZ 综合形,如图 1-1。R 形结构紧凑;Z 形臂架在打开和折叠时动作迅速。

5. 按支腿形式分类

支腿形式主要根据前支腿的形式分类,主要有以下类型:前摆伸缩型、X 形、XH 形(前后支腿伸缩)、后摆伸缩型、SX 弧形、V 形支腿等,如图 1-2。

前摆伸缩型:此种支腿一般级数为 3～4 级,其伸缩结构一般采用多级伸缩液压缸、捆绑液压缸、液压缸带钢绳、电动机带钢绳(或链条)等方式,后支腿摆动。国外长臂架泵车使用较多,展开占用空间少,能够实现 180°单侧支撑,要求制造难度稍高。国内长臂架泵车也有使用。

一、混凝土泵车的用途与分类

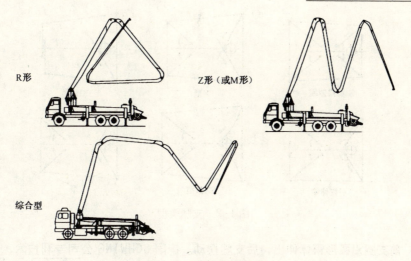

图 1-1 臂架常见类型

X 形：该类型支腿前支腿伸缩，后支腿摆动。在国外中、短臂架泵车中，使用较为广泛，展开占用空间小，能够实现120°～140°左右的单侧支撑功能，国内部分厂家也提供此类型式产品。

XH 形：该类型支腿前后支腿伸缩。在国外短臂架泵车中有较大的使用量。

后摆伸缩型：该类型前支腿朝车后布置，工作时可以摆动并伸缩，后支腿直接摆动到工作位置。国内外使用最为广泛，属于传统型支腿。

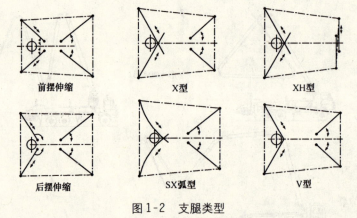

图 1-2 支腿类型

SX 弧形：前支腿沿弧形箱体伸出，后支腿摆动。德国 SCHWING 公司专利技术，其产品系列中大量使用。且在节约泵车施工空间和减重两方面都有一定优势。

V 形：国内厂家的专利结构。前支腿呈 V 形伸缩结构，一般为 2～4 级，后支腿摆动。

6. 按主泵送液压系统特征分类

按主泵送液压系统可分为开式系统和闭式系统（图 1-3）。

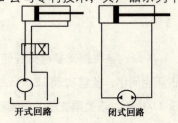

图 1-3 液压系统特征

7. 按换向控制分类

按换向控制信号的采集可分为电控换向和液控换向两种。电控换向一般采用接近开关，液控换向则是采用逻辑阀。

（三）混凝土泵送设备的工作原理

混凝土泵送设备是高性能的机电液一体化产品，为满足混凝土泵送施工的近乎苛刻的要求，混凝土泵送设备一般采用体积小、结构紧凑、调速方便、换向冲击小的液压传动技术以及低故障的 PLC 电气控制技术。

目前的混凝土泵送设备大多为活塞式混凝土泵，本书也就只对活塞式混凝土泵进行介绍。它由两只往复运行的主液压缸和两只混凝土缸分别通过活塞杆连接而成，借助主液压缸的压力来驱动混凝土活塞。活塞式混凝土泵靠活塞在缸内往复运动，在分配阀的配合下完成混凝土的吸入和排出。图 1-4 表示了活塞泵的简单工作过程。

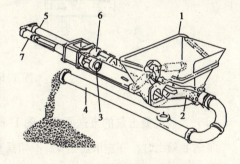

图 1-4　活塞泵工作过程图

1—料斗；2—分配阀；3—混凝土活塞；
4—输送管；5—主液压缸；6—混凝土缸；
7—主液压缸活塞

混凝土泵车操作

正泵：混凝土活塞在退回时从料斗中将混凝土吸入混凝土缸，而混凝土活塞前进时将混凝土缸中的混凝土从出料口推向输送管。

反泵：混凝土活塞在退回时将混凝土输送管中的混凝土吸回混凝土缸，而混凝土活塞前进时将混凝土缸中的混凝土推回料斗中（图1-5）。

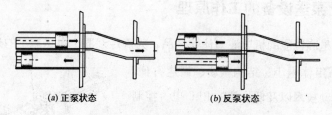

(a) 正泵状态　　　　　　(b) 反泵状态

图1-5　正泵、反泵示意图

（1）S阀混凝土泵的泵送原理（图1-6）。

泵送混凝土时，在主液压缸1、2和摆动液压缸12、13驱动下，当左侧混凝土缸6与料斗9连通，则右侧混凝土缸5与S阀10连通。在大气压的作用下左侧混凝土活塞8向后移动，将料斗中的混凝土吸入混凝土缸6（吸料缸），同时液压压力使右侧混凝土缸活塞7向前移动，将该侧混凝土缸5（排料缸）中的混凝土推入S阀，经出料口14及外接输送管将混凝土输送到浇筑现场。当左侧混凝土缸活塞后移至行程终端时，两主液压缸液压换向，摆动液压缸12、13使S阀10与左侧混凝土缸

一、混凝土泵车的用途与分类

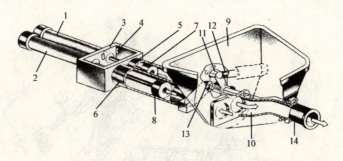

图1-6 S阀工作原理图

1、2—主液压缸；3—水箱；4—换向装置；5、6—混凝土缸；7、8—混凝土活塞；
9—料斗；10—S阀；11—摆动轴；12、13—摆动液压缸；14—出料口

6连接，该侧混凝土缸活塞8向前移动，将混凝土推入分配阀，同时，右侧混凝土缸5与料斗9连通，并使该侧混凝土缸活塞7后移，将混凝土吸入混凝土缸，从而实现连续泵送。

（2）闸板阀泵的泵送原理（图1-7）。

混凝土活塞（5、5'）分别与主液压缸（1、1'）活塞杆连接，在主液压缸液压油作用下，作往复运动，一缸前进，则另一缸后退；混凝土缸出口与下阀体连通，闸板与上、下阀体相连；上阀体上两口接料斗，Y形管与闸阀的下面两口相连。

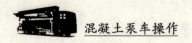

混凝土泵车操作

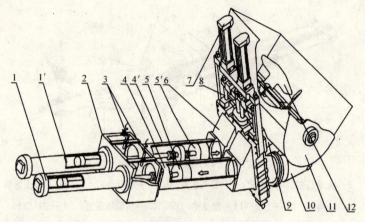

图 1-7 闸板阀泵工作原理图

1、1′—主液压缸；2—水箱；3—换向装置；4、4′—混凝土缸；5、5′—混凝土活塞；6—上阀体；
7—闸阀液压缸；8—闸板；9—上阀体；10—Y形管；11—料斗；12—搅拌装置

  泵送混凝土料时（图1-7，图1-8a正泵状态），在主液压缸作用下，混凝土活塞（5′）前进，混凝土活塞（5）后退，同时在闸阀换向液压缸作用下，料斗（11）与混凝土缸（4）相通，Y形管与混凝土缸（4′）相通，这样，混凝土活塞（5）后退，便将料斗内的混凝土吸入混凝土缸，混凝土活塞（5′）前进，将混凝土缸内混凝土料通过闸阀进入Y形管泵出。当混凝土活塞（5）运动至行程

一、混凝土泵车的用途与分类

终端时,触动水箱(2)中的换向装置(3),主液压缸换向,同时闸阀换向液压缸(7)换向,使料斗与混凝土缸(4')相通,将料斗中的料吸入;Y形管与混凝土缸(4)相通,将缸中料通过Y形管泵出,如此循环从而实现连续泵送。

反泵时(图1-8b),通过反泵操作,使处于吸入行程的混凝土缸与Y形管相连,处于推送行程的混凝土缸与料斗连通,从而将管路中的混凝土抽回料斗。

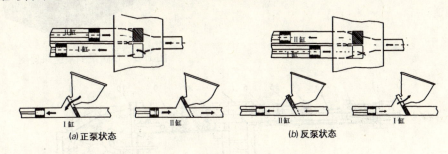

图1-8 闸板阀正泵、反泵示意图

(3) C阀泵的泵送原理(图1-9)。

C形阀是一种立式管形分配阀。其工作原理同S形管阀,但出料端垂直布置,阀管呈C形,由于管阀在水平面内摆动,与混凝土缸接口要做成圆弧面。这种管阀的磨损补偿及密封性能均不如S形管阀,制造工艺性也差。它多用于臂架式混凝土泵车,因为布料杆通常安装于车身的前部,混凝

混凝土泵车操作

土在泵经分配阀后可直接引至布料杆,大大减少堵管现象。

(4)蝶阀泵的泵送原理(图1-10)。

蝶形阀是在料斗、工作缸、输送管之间的通道上设置一个蝶形板,通过蝶形板的翻动来改变混凝土的通道。

图1-9 C阀泵的泵送原理图

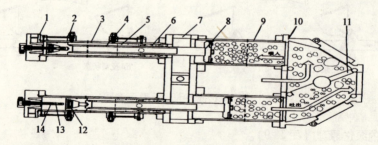

图1-10 蝶阀混凝土泵构造与工作原理图

1—缸盖;2—单向阀;3—液压缸;4—活塞杆;5—闭合油器;6—密封套;7—缸接头;8—混凝土活塞;9—混凝土缸;10—阀箱;11—板箱;12—磁铁;13—不锈钢管;14—干簧管

一、混凝土泵车的用途与分类

蝶形阀的优点是结构简单紧凑、阀室小、流道短；阀芯只是一块薄板，它与阀体接触面积小，砂浆不易在其间卡塞，运动阻力小，使用寿命长，维修方便；阀的出端不需要Y形管。蝶形阀的缺点是混凝土流道的截面变化较大，吸入（对垂直轴蝶阀）或排出（对水平轴蝶阀）流道方向改变剧烈，有时会造成混凝土在阀内部堵塞（堵箱）。蝶形分配阀有垂直轴式和水平轴式两种。活塞式蝶阀混凝土泵的工作原理和斜置式闸板阀混凝土泵相近，在这里不予重复。

（四）臂架系统的基本构造

1. 作用

臂架系统用于混凝土的输送和布料。通过臂架液压缸伸缩、转台转动，将混凝土经由附在臂架上的输送管，直接送达臂架末端所指位置即浇筑点。

图1-11是37m混凝土泵车臂架在一个固定点的某一平面内的工作范围图，因为有回转机构，故实际上可以形成一个立体空间。

2. 结构和组成

臂架系统由多节臂架、连杆、液压缸和连接件等部分组成，具体结构如图1-12。

混凝土泵车操作

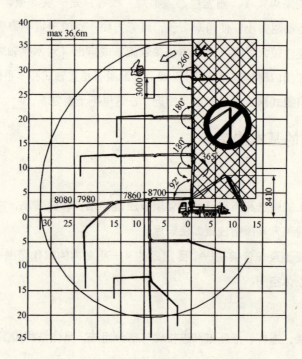

图 1-11　37m 混凝土泵车臂架的工作范围

一、混凝土泵车的用途与分类

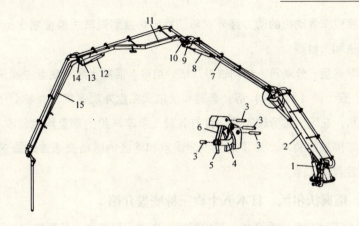

图1-12　37m混凝土泵车臂架结构简图

1—1号臂架液压缸；2—1号臂架；3—铰接轴；4—连杆一；5—2号臂架液压缸；

6—连杆二；7—2号臂架；8—3号臂架液压缸；9—连杆三；10—连杆四；

11—3号臂架；12—4号臂架液压缸；13—连杆五；14—连杆六；15—4号臂架

（五）底盘部分

1. 工作原理

混凝土泵车底盘主要用于泵车移动和工作时提供动力。通过气动装置推动分动箱中的拨叉，拨

13

混凝土泵车操作

叉带动离合套，可将汽车发动机的动力经分动箱切换。切换到汽车后桥使泵车行驶，切换到液压泵则进行混凝土的输送和布料。

底盘部分由汽车底盘、分动箱、传动轴等几部分组成。混凝土泵车底盘主要采用奔驰（Benz）、沃尔沃（VOLVO）、五十铃（ISUZV）等。奔驰和沃尔沃底盘外观豪华、驾驶舒适、自动化程度高；五十铃底盘技术成熟，在国内服务较完善。目前混凝土泵车采用的底盘均达到欧Ⅲ或以上标准，能满足大中城市对汽车排放的要求。为了适应不同国家和地区的道路交通法规要求，还选用了日野、CONDOR、MACK等底盘。

2. 德国奔驰、瑞典沃尔沃、日本五十铃三种底盘介绍

（1）德国奔驰　奔驰底盘外观豪华、驾驶舒适、自动化程度高，具巡航驾驶和CAN总线控制技术（图1-13）。国内主要选用Actros 3340、Actros 3341、Actros 4140和Actros 4141等型

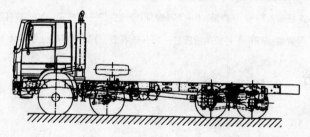

图1-13　奔驰系列底盘（Actros4140 8×4）

一、混凝土泵车的用途与分类

号。奔驰底盘的主要特点如下。

发动机：奔驰OM501LA型V6涡轮增压柴油机中冷智能控制柴油发动机，符合欧Ⅲ、欧Ⅳ环保标准，实现了低转速下的高输出功率，可靠性高，燃油经济性佳；

离合器：单片干式离合器，直径430mm，液压助力；

变速箱：型号G240-16/11.7～0.69，16挡同步变速箱，液压手动换挡；

车架：U形纵梁、开放式横梁，E500TM型高强度钢材；

转向系统：动力转向，可调式转向柱；

制动系统：双回路压缩空气制动系统，配空气干燥器；

　　　　　前后碟式制动器；

　　　　　弹簧力作用的驻车制动系统，作用于后桥；

　　　　　制动间隙自动调整；

　　　　　电脑智能感载系统；

　　　　　智能制动控制系统配制动防抱死控制系统（ABS）及加速防侧滑控制系统（ASR）。

驾驶室：梅塞德斯—奔驰Actros标准驾驶室，气垫式驾驶座配一体化安全带、副驾驶座无气垫避振、卧铺、空调、卡式收放机、电动后视系统、巡航控制、电动门窗。真正体现了人机功能的组合，多功能方向盘和大屏幕集中显示仪表，另还有多种规格的驾驶室可供选择。

(2) 瑞典沃尔沃 沃尔沃底盘外观豪华、驾驶舒适、自动化程度高，国内主要选用 VOLVOFM400－8×4 和 VOLVOFM400－6×4 等型号图 1-14。沃尔沃底盘的主要特点如下：

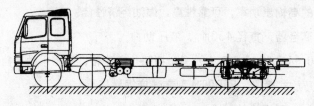

图 1-14 沃尔沃系列底盘（VOLVOFM 400－8×4）

发动机：D13，符合欧Ⅲ、欧Ⅳ环保标准，直列水冷电子控制柴油喷射发动机；

变速器：VT2009B，9 个前进挡，2 个倒挡，全同步器带爬行挡；

后桥：RT2610HV，双后桥驱动，轮边减速，后桥差速锁；

悬挂系统：前悬挂系统，抛物线钢板弹簧。

后悬挂系统，T 形多片式弹簧，减振器，平衡杆；

制动系统：压缩空气式，前后桥独立双回路，驱动桥安装感载阀，钢制储气罐，安装空气干燥罐和制动消声器，刹车间隙自动调整装置，Z 形凸轮高性能鼓式制动；

离合器：型号 CD38B－B（干式双片液力辅助）；

转向系统：整体式动力转向，转向角度：44.5°；

一、混凝土泵车的用途与分类

轮胎及车轮、备胎架：轮胎尺寸：12.00R20×10只（带内胎子午线轮胎）；

电气装置：蓄电池，12V×2，串联式装置，170Ah，交流发电机：80A；

燃油箱容量：410L铝合金燃油箱；

驾驶室：液压可倾翻式驾驶室，卧铺；

标准装置：收音机和CD唱机，冷热空调，巡航控制，电动门窗。

（3）日本五十铃　五十铃底盘技术成熟，在国内服务较完善，价格也相对便宜，国内主要选用CYZ51Q和CYH51Y系列型号图1-15。五十铃底盘的主要特点如下：

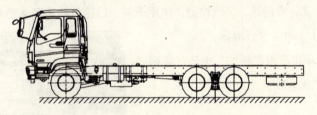

图1-15　五十铃系列底盘（CYZ51Q-6×4）

发动机：五十铃6WF1A/6WF1D（欧Ⅲ型环保标准），四冲程，水冷直接喷注式附涡轮增压及中置冷却器柴油发动机，顶置凸轮轴；

离合器：气动辅助液压控制器，附带缓冲弹簧的干式单片；

转向系统：循环球式带整体动力助力装置；

变速器型号：MJD7S/MAL6U，七前速超速挡附动力辅助；

车身大梁：强化重型双槽式梯形大梁；

电气装置：蓄电池12V-150AH×2，串联式装置，145G51；交流发电机24V；

悬挂系统：前悬挂系统，半椭圆合金钢片弹簧，带液压双向可伸缩筒式减振器；

　　　　　后悬挂系统，十字轴式，半椭圆合金钢片弹簧；

前桥：倒置爱里奥工字架；

后桥：串联驱动桥，整体式全浮式，带轴间差速器的准双曲面齿轮和锁定装置；

制动系统：全气动式，双回路，S凸轮型，作用于前、后轮为助势及非助势蹄式；

燃油箱容量：400L，附油水分隔器；

驾驶室：3座位，单排座附带睡床，电动可倾翻式驾驶室，机械式驾驶室悬挂系统。

（六）混凝土泵车的基本构造

混凝土泵车主要由底盘、泵送单元和上装总成三大部分组成，如图1-16。

图1-16　混凝土泵车构成

一、混凝土泵车的用途与分类

1. 底盘

底盘是混凝土泵车的承载行走部分,并在混凝土泵车作业时提供动力(图1-17);行驶与泵送状态的转换由分动箱进行动力切换,汽车底盘的发动机的动力在行驶时通过分动箱传递给后桥进行行走驱动,而作业时发动机的动力通过分动箱传递给液压泵(图1-18)。详细知识请查阅汽车底盘相关书籍。

图1-17 底盘模型

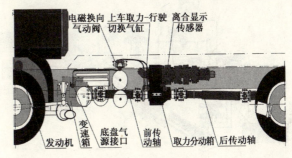

图1-18 动力传输过程

2. 泵送单元

混凝土泵车的泵送单元与拖式混凝土泵的泵送单元基本相同,除了动力取自于底盘发动机外,

 混凝土泵车操作

其他部分由泵送机构、分配机构、搅拌机构、液压系统等构成（图1-19）。

（1）泵送机构　泵送机构主要由混凝土缸、水箱、泵送液压缸、料斗和混凝土活塞组成。为了加强刚性和安装准确，混凝土缸两端均有法兰止口，同时在水箱与料斗之间通过拉杆固定，如图1-20所示。

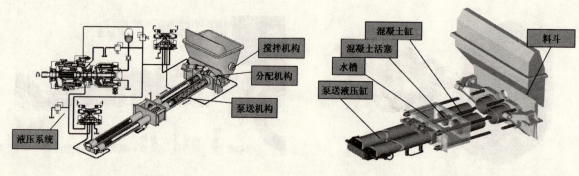

图1-19　泵送单元组成

图1-20　泵送机构组成

（2）分配机构　分配机构由换向液压缸、摇臂、换向管（S管或C形管）、切割环、眼镜板等组成（图1-21）。通过两个换向液压缸推动换向管的摆动，实现泵送缸的吸料和排料。

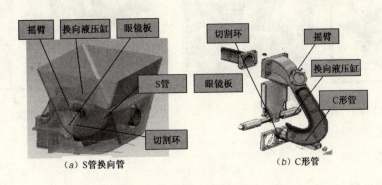

图1-21 分配机构组成

(3) 搅拌机构　搅拌机构由液压马达、搅拌轴、叶片等组成（图1-22）。装配于料斗上；其功能主要是防止料斗内混凝土的凝固或离析。

(4) 液压系统　液压系统主要由液压泵和液压阀等部件组成，其主要功能是驱动泵送机构中的泵送液压缸，驱动分配机构中换向液压缸和驱动搅拌机构中液压马达。液压泵装配于分动箱上，如图1-23所示。

混凝土泵车操作

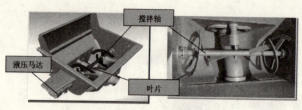

图1-22 搅拌机构构成

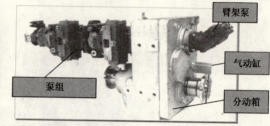

图1-23 液压泵的安装

3. 上装总成

上装总成主要分臂架总成、转台、回转机构、固定支座（底架）和支腿，如图1-24所示。

（1）臂架总成 臂架总成由若干矩形臂组成，第1节臂铰接在转台上，其余臂首末端铰接相连；通过各自的臂架液压缸来使它们绕各自的铰接点作旋转运动。最后一节臂支持混凝土输送管的末端胶管，混凝土输送管的固定架都焊在各节臂架上，如图1-25所示。臂架运动可以由上车多路阀或遥控器（图1-26）来操纵。

（2）转台 转台上部通过铰接与第1节臂架相连。下部与回转支承的外齿圈相连，如图1-27所示。

一、混凝土泵车的用途与分类

图1-24 上装总成构成

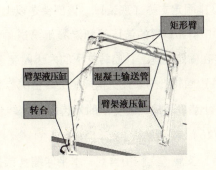

图1-25 臂架总成

图1-26 臂架运动操作单元

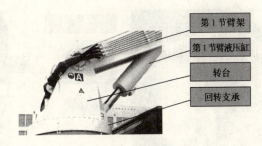

图1-27 转台结构

23

(3) 固定支座（底架） 该部件是以上几节臂架的支撑基础，它是通过焊接与副车架相连的。该部件中有布料臂的液压箱和混凝土泵送单元的液压箱以及备用水箱。前、后支腿由液压缸控制，并铰接在固定支座上；回转支承的内齿圈装于固定支座上部。

(4) 回转机构 该机构控制上转台的旋转从而控制臂架旋转。它由液压马达、减速器、小齿轮组成。小齿轮驱动回转支承的外齿圈使上转台旋转，如图1-28所示。回转由上车多路阀或遥控器（图1-26）来操纵。

(5) 支腿 支腿由垂直、水平伸缩（或摆动）两部分组成，铰接在固定支座上并且由支腿液压缸控制，直至到达工作位置。支腿的伸出位置由单向阀（液压锁）锁死以确保安全。支腿的操纵由支腿多路阀操纵控制，如图1-29所示。

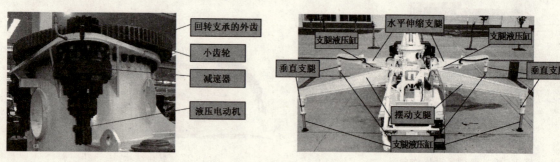

图1-28 回转机构　　　　　　　　图1-29 支腿机构

（七）国内外主要产品介绍

1. 国内产品介绍

（1）中联重科47m混凝土泵车　中联重科 ZLJ5420THB125-47 混凝土泵车主要配套件如底盘、臂架、底架支腿总成、电液比例阀、液压泵组及控制阀、无线和有线遥控器、分动箱等均采用进口产品（图1-30、表1-1）。

中联重科47m混凝土泵车技术参数表　　　表1-1

	型　号	ZLJ5420THB125-47		支腿形式	后摆伸缩
整车	重　量	$40.6×10^3$ kg	支腿	跨距（前×后×前后）	$(10.2×9.98×9.61)$ m
	长　度	11.98m			
泵送系统	液压缸内径×行程	$\phi140mm×2000mm$	臂架	折叠形式	RZ
	输送缸内径×行程	$\phi220mm×2000mm$		节　数	5
	最大压力	13MPa		垂直高度	46.2m
	最大排量	$129m^3/h$			

混凝土泵车操作

（2）三一重工37m混凝土泵车　37m泵车综合运用运动学分析、动力学分析、有限元分析等现代设计手段进行整体优化的结果。臂架为全液压卷折式四节臂，最大垂直布料高度为36.6m，最大水平距离为32.6m。它是目前国内先进的混凝土输送泵车，是用压差感应控制、节能技术、远程通信及故障诊断、智能臂架、单侧支撑、集中线束技术、最新工业造型、新耐磨材料、GPS等一系列前沿技术装备起来的精品。它在换向冲击、使用寿命、总重量、能耗水平、智能化等主要性能上达到了国际先进水平（图1-31、表1-2）。

图1-30　中联重科47m混凝土泵车

图1-31　三一重工37m混凝土泵车

一、混凝土泵车的用途与分类

三一重工37m混凝土泵车技术参数表 表1-2

整车	型号	SY5250THB-37	支腿	支腿形式	X型
	重量	25×10^3 kg		跨距（前×后×前后）	$(6.3 \times 6.7 \times 7.0)$ m
	长度	11.7m			
泵送系统	液压缸内径×行程	$\phi 140$ mm $\times 2000$ mm	臂架	折叠形式	R
	输送缸内径×行程	$\phi 230$ mm $\times 2000$ mm			
	压力	低压6.38MPa		节数	4
		高压11.8MPa			
	排量	低压120m³/h		垂直高度	36.7m
		高压67m³/h			

2. 国外产品介绍

（1）PUTZMEISTER 36m混凝土泵车　PUTZMEISTER 36m混凝土输送泵车是一款4节"Z"形臂架、"X"形伸出支腿的泵车，此结构使用时展开占用空间较小（图1-32、表1-3）。

（2）SCHWING 34m混凝土泵车（图1-33、表1-4）

混凝土泵车操作

图1-32　PUTZMEISTER 36m 混凝土泵车

图1-33　SCHWING 34m 混凝土泵车

PUTZMEISTER 36m 混凝土泵车技术参数表　　　　表1-3

整车	型　号	PUTZMEISTER 36Z	支腿	支腿形式	X 型
	重　量	24.7×10^3 kg		跨距（前×后×前后）	$(6.35 \times 6.93 \times 6.8)$ m
	长　度	11.19m			
泵送系统	液压缸内径×行程	$\phi 130mm \times 2100mm$	臂架	折叠形式	Z
	输送缸内径×行程	$\phi 230mm \times 2100mm$			
	压　力	低压 7MPa		节　数	4
		高压 11.2MPa			
	排　量	低压 $109m^3/h$		垂直高度	35.55m
		高压 $65m^3/h$			

一、混凝土泵车的用途与分类

SCHWING 34m 混凝土泵车技术参数表 表1-4

整车	型号	SCHWING KVM34X	支腿	支腿形式	X型
	重量	25×10^3 kg		跨距（前×后×前后）	$(6.23 \times 5.69 \times 7.44)$ m
	长度	10.9m			
泵送系统	液压缸内径×行程	$\phi 130mm \times 2100mm$	臂架	折叠形式	R
	输送缸内径×行程	$\phi 230mm \times 2000mm$		节数	4
	压力	7MPa		垂直高度	34m
	排量	130m³/h			

29

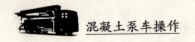 混凝土泵车操作

二、混凝土泵车的安全规程

本章节概括了最重要的安全规范,因此本章节特别适用于新操作人员作最初的基本指导,新操作人员必须经过专业培训,取得"上岗证"后方可上岗操作。操作人员必须按产品使用说明书进行操作、保养。

1. 安全工作条件

(1) 泵车仅用于泵送可泵性混凝土,不得用于输送其他物料。当必须输送其他物料时,事前应与制造商协商,采取必要措施后方能试行泵送。

(2) 泵车工作的海拔高度一般应不超过3000m,当超过3000m时应作为特殊情况处理。

(3) 泵车夜间工作现场应有足够的照明。

(4) 泵车作业状态的最佳环境温度为0~40℃,当环境温度超过40℃或低于0℃时,应与生产厂家联系,商定特殊保养事宜。

(5) 整机作业状态允许的最高风速为50km/h(6级),当风速超过该值时应停止作业,并将布料臂收回成行驶状态。通过参看下表来正确估计风力。

二、混凝土泵车的安全规程

风 力		风 速		风 的 效 果
等级	种类	m/s	km/h	
5	大 风	8~10.6	29~38	小树开始摇晃
6	较强风	10.8~13.7	39~49	风发出啸叫,打伞困难
7	强 风	13.9~17	50~61	所有的树都在摇晃,逆风行走困难

(6)为保证泵车稳定性,整机工作时应放置水平,地面应平整坚实,整机工作过程中地面不得下陷。应避开已开挖的松土,或有可能塌陷的地表;应远离斜坡、堤坝、凹坑、壕沟。应根据路面承载力确定支撑面。

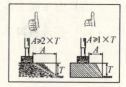

(7)泵车不得在斜坡上、高压电、易燃、易爆品附近等其他任何危险场合工作。

混凝土泵车操作

(8) 注意整机调整为水平，地面最大允许倾角为 3°。直到轮子离地约 50mm。

(9) 泵车未按相关规定打好支腿时，禁止操纵布料臂。必须照箭头对齐，确保支腿全部伸出。

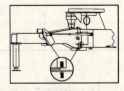

(10) 泵车施工泵送过程中时，布料臂架注意被使用泵车的工作区域。

(11) 在未将料斗栅格关好前不能工作。

(12) 泵车在作业前应进行常规检查，以确定各电液开关及手柄在非工作位置，确认所有的安全控制设置是正确的、安全的、有效的和可控的。

二、混凝土泵车的安全规程

(13) 臂架软管的最大长度限制 3m。

2. 安全操作规程

(1) 混凝土泵车的使用应遵循使用说明书的各项规定及安全规则。

(2) 操作人员应将泵车安检和工作情况都记入日志薄；且每次交接班时，需将自己工作中所注意到的各种问题以及安全措施及时转告给接替的同事。

(3) 非操作人员不准操作泵车！除非你有资格操作并获得泵车操作工的许可。

(4) 在闪电时应把臂架收回折叠在布料臂支架上。

混凝土泵车操作

(5) 用三点稳定的原理上下泵车。

(6) 在操作前应将功能性液体（如水、油和燃料等）加满。

(7) 在每次动作泵车臂架之前，要先鸣响警笛。

二、混凝土泵车的安全规程

(8) 开始泵送工作前，应检查输送管路、管卡及软管，确保连接安全可靠。

(9) 泵车操纵人员等不要靠近末端胶管、站在臂架危险区域内，并应注意避开废气排放位置。且泵车不可安放在可能有重物落下的危险区域，如果泵车靠近危险区域作业时，机手应从操作位置对危险区域有清晰的视野。

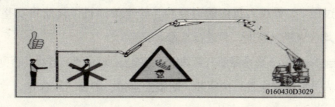

(10) 在有人处于支腿工作区域内时或臂架没有关闭时，禁止操作支腿。

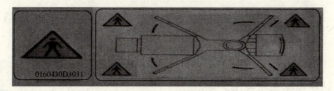

(11) 泵车布料臂输送软管工作时严禁强力牵拉；布料臂控制操纵应缓慢进行，禁止急拉急停。

(12) 各油路的压力在泵机出厂前已由厂方调定好，未经厂方允许不得擅自调整。

 混凝土泵车操作

（13）泵车作业或行驶过程中，非工作挡位的开关钥匙应由操纵人员取下收好。

（14）泵车作业过程中，操纵人员应随时监控，检查柴油机、分动箱及整机部分的工作情况，如有任何异常现象，均应停机、熄火，并进行检修。

（15）分动箱换挡必须先踏下离合器断开柴油机动力输出，然后进行操纵，否则有损坏设备的危险。

（16）泵车操纵人员按规定穿着防护服装，配戴安全帽、护镜、耳塞等。

（17）千万不要站在搅拌车和泵车之间。

二、混凝土泵车的安全规程

(18) 指挥时使用简单、明确的手势。

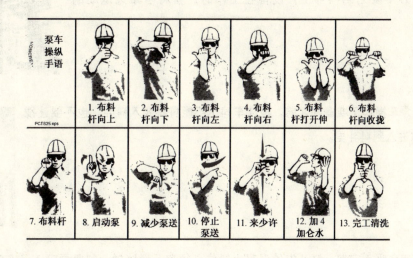

泵车操纵手语

1. 布料杆向上
2. 布料杆向下
3. 布料杆向左
4. 布料杆向右
5. 布料杆打开伸
6. 布料杆向收拢
7. 布料杆
8. 启动泵
9. 减少泵送
10. 停止泵送
11. 来少许
12. 加4加仓水
13. 完工清洗

混凝土泵车操作

(19) 在靠近电缆线的空间作业时,操作员应站在绝缘板上,臂架与附近电缆线的最小安全距离不得小于6m。如万一撞到电线,应迅速切断电线电源。如臂架不得不与附近电缆线小于6m空间作业时,必须切断电线电源直至泵车工作结束。

(20) 千万不要站到料斗上,设备在工作时严禁将手靠近运动的部件。

(21) 在泵车操作工准备好之前,搅拌车司机不能将料卸入料斗。也不要让搅拌车的清洗水进入到料斗里。

(22) 为避免吸入空气,料斗中的混凝土料位必须高于搅拌轴,如果泵吸入了空气,必须立即按下紧急关闭按钮。

二、混凝土泵车的安全规程

(23) 千万不能打开有压力的输送管!

(24) 泵车布料臂上的混凝土输送管及管卡必须使用原装配件。并定期检查防松插销是否缺损。

(25) 不要站在与布料杆运动相反的方向上。

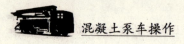 混凝土泵车操作

(26) 布料臂下方严禁站人，以免砸伤。

(27) 严禁使用泵车布料臂起吊重物。

(28) 千万不能用你的肩膀去扛尾胶管！

(29) 在初次、重新启动泵车，或输送管内有空气时，必须让所有人保持离尾胶管15m以外。

二、混凝土泵车的安全规程

(30) 不准抱住尾胶管,应该伸出双手臂握住尾胶管。如果你抱着尾胶管,它可能会剧烈抖动,而将你甩倒。

(31) 不准扭绞尾胶管。尾胶管的扭绞和折弯,会使泵产生最大的压力泵送混凝土。

(32) 严禁将胶管末端插入混凝土浇筑点内。

(33) 每次泵送混凝土结束后或异常情况造成停机时,都必须将S管、混凝土缸和料斗清洗干净,严禁S管、混凝土缸和料斗内残存混凝土料。

混凝土泵车操作

（34）泵车运转时，不得把手伸入料斗、水箱内或靠近其他运动的零部件；且不得触摸泵送液压缸、散热器外壳、取力箱外壳、油泵、排气管等高温部件。

（35）在泵车周围设置必须的工作区域，非操作人员未经许可不得入内。

（36）尾胶管端部禁止加接管路和其他装置。

（37）液压系统没有卸荷时就打开液压管接头会引起伤害。

二、混凝土泵车的安全规程

(38) 泵送停止后应先关闭动力,然后释放蓄能器中的压力;进行维修保养前,必须关闭设备动力及电源开关,释放蓄能器压力。

(39) 如果遇到操作失误等紧急情况,请按下控制面板或遥控器上的急停按钮。

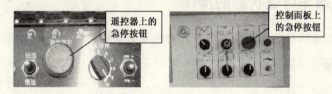

(40) 当施工完毕后,需在道路上行驶时,必须用插销锁固定支腿箱以防止偶然的张开。

(41) 混凝土飞溅,硅酸钠或其他化学物质易引起眼睛受伤。

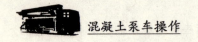
混凝土泵车操作

三、混凝土泵车的操作

由于不同类型泵车在结构与控制上都会有不同,所以在首次操作泵车前,必须仔细阅读过相应的泵车使用说明书。

(一) 混凝土泵车行驶状态的操作

泵车行驶状态是指布料臂收回折叠并在布料臂托架上安放到位;全部支腿收回并锁定;料斗及车体清洗干净;分动箱已转换到行驶状态;整车可以正常行驶或正在行驶的状态。司机在准备驾车行驶前必须进行下列检查或操作:

1. 行驶——作业的转换操作

泵车从行驶状态进入作业状态,操作步骤如下:

(1) 检查变速杆放到空挡位置,拉上手刹,启动发动机。

(2) 驾驶室内面板上的"行驶/作业"转换开关转换到作业侧,作业指示灯亮。再按该面板上的电源开关,"电源"灯亮,进入作业状态。

三、混凝土泵车的操作

（3）踏下离合器，将变速杆挂到直接挡位置。

（4）将发动机转速提速至最大设定值。

（5）完成上述步骤，在确认泵车整机满足作业要求后，即可依序进行泵车支腿、泵车臂架的伸展操作。

2. 作业——行驶的操作

泵车从作业状态进入行驶状态，操作步骤如下：

（1）踏下离合器到底；

（2）将挡位变速杆挂空挡位置；

（3）将分动箱行驶转换开关转到"行驶"位置，此时"行驶"灯点亮"作业"指示灯熄灭；

（4）慢慢松开离合器踏板（若是钥匙开关控制，则保持在行驶位置时取下钥匙并收好）。

注意事项：

（1）布料臂在托架上应放置到位，驾驶室内"行驶"或"在位"指示灯亮（具体参照各车型使用说明书）；

（2）支腿应收放到位，支腿定位锁应锁定；

（3）电控柜、遥控器及各操纵台上的按钮及手柄应放在非工作位置；

（4）料斗及车体应清洗干净；

混凝土泵车操作

(5) 挡位变速杆应放在空挡位置；

(6) 柴油发动机转速调至怠速状态；

(7) 分动箱应转换至行驶状态，"作业"或"工作"指示灯应熄灭。

臂架在托架上放置到位

检查上述各项无误后，泵车方可进入行驶状态。底盘的操作说明根据对应的底盘所配备资料进行。

（二）混凝土泵车支腿的操作

臂架展开前，必须将泵车支腿完全展开，支腿展开步骤如下：

(1) 将电控柜上"遥控/Off/面控"钥匙开关拨到遥控位置；

(2) 确认支撑地面是否水平、坚实；

(3) 确认支腿工作区没人后，方能操作支腿；

(4) 打开所有支腿的机械锁；

插销锁

三、混凝土泵车的操作

(5) 按住绿色按钮开关,操作相应手柄打开对应支腿;

(6) 将支腿伸展到最大位置处;

(7) 根据地面条件,垫好合适垫块,降落两前支腿,至前轮胎离地,再降落两后支腿,至后轮胎离地(离地间隙约50mm);

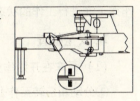

(8) 调节前后支腿顶升高度,将整机调整为水平(最大允许倾角为3°);

(9) 确认各支腿控制手柄已回到中间位置。

收支腿步骤展开与支腿正好相反,但要注意以下事项:

(1) 确认支腿工作区没人后,方能操作支腿;

(2) 必须在布料臂收回折叠并落在布料臂支撑架上,方可操作支腿。

(3) 最后务必确认各支腿控制手柄已回到中间位置。

(4) 支腿在即将伸展或收放到位时,应减小操作手柄的动作幅度,使支腿轻缓就位,避免冲击。

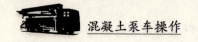 混凝土泵车操作

（三）混凝土泵车作业状态的操作

泵车作业状态是指泵车在平整、坚实的工作场地停放就位；分动箱已转换至"作业"位置；按规定支好支腿；整机调平；泵车轮胎离地（50mm）；清洗系统水箱加满水；可以操纵布料臂进行工作或正在进行工作的状态。

1. 安全检查

（1）泵车在开始作业前，机手应进行下列检查：

①分动箱应转至作业状态，"作业"指示灯亮；如有取力控制开关钥匙应取下收好；

②挡位变速杆应挂在直接工作挡位置；

③驾驶室内发动机转速、机油压力、水温等仪表的指示应正常；

④支腿应按规定支好；

⑤整机应调平，轮胎应离地；

⑥支腿控制手柄应回到中位。

（2）布料臂展开时应进行如下检查：

①确认支腿已全部展开，支撑地面坚实，轮胎离地；

②各臂架关节部位注满润滑油；

③工作条件满足如前所述；

④各输送管壁厚满足使用要求。

（3）混凝土泵送时，应进行下列检查：

①泵送开始和停止时，应与端部软管作业人员联系；

②润滑泵是否工作正常，各润滑点是否已充满润滑油；

③各压力表以及吸油、回油的真空表是否指示正常；

④发动机转速是否达到设定值（当环境温度低于零度时，发动机应怠速运转 15~20min，同时点动泵送液压缸，使液压系统预热，防止液压泵突然冷启动，造成吸油能力不足，损坏液压泵）。

2. 布料臂的操作

布料臂的操作可以由电控柜来完成，也可以由遥控器来完成。

①将电控柜操作面板上的"手动/遥控"开关转到遥控位置；注：遥控器分有线遥控器和无线遥控器，其控制按钮的功能见随车所配的使用说明书；

②通过电控按钮和支腿多路阀，将支腿全部展开（禁止半伸状态），确认整机完全水平固定好（两边水平仪中的气泡应在中间）；

③按照遥控器上面各操作手柄图示，按如下顺序展开臂架（四节臂以上依次类推）：

"R"形臂架展开步骤：

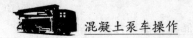
混凝土泵车操作

将大臂（或1节臂）打开

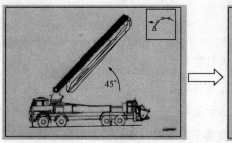

将布料臂回转180°

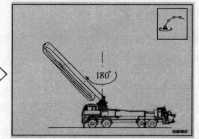

将2节臂打开至水平位置

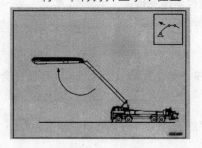

注意在伸展3节臂前，第1节臂和第2节臂至少120°，否则3、4节臂之间的铰链会撞上第1节臂而导致损坏。

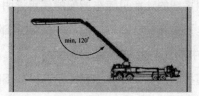

三、混凝土泵车的操作

放下 3 节臂至垂直向下位置　　　　放下 4 节臂使能取下末端软管

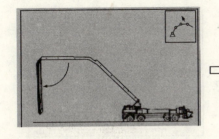 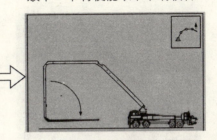

将软管自锁手柄向下按，取下软管

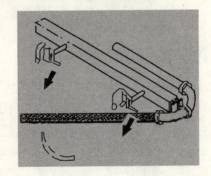

"Z"形臂架展开步骤：

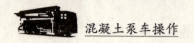
混凝土泵车操作

将大臂（或1节臂）打开

将布料臂回转180°

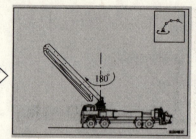

注意：在伸展3节臂前，必须打开4节臂15°，以保持2、3节臂之间的铰链与布料臂末端有1m的距离。否则2、3节臂之间铰链的连杆会压在布料杆末端的弯管上。

打开2节臂至垂直位置

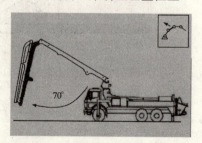

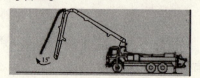

三、混凝土泵车的操作

打开 3 节臂约 45°　　　　打开 4 节臂使能取下末端软管

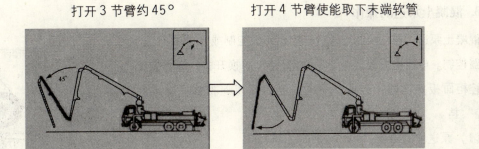

将软管自锁手柄向下按，取下软管。

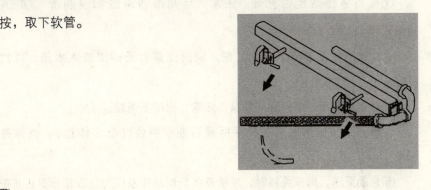

"RZ"形臂架展开步骤

混凝土泵车操作

根据臂架具体结构,结合上述"R"形和"Z"形的展开步骤,视实际情况而定。

3. 混凝土泵送的操作

混凝土泵送的操作控制可通过电控柜面板控制或无线(有线)遥控器控制。电控柜面板上有"手动/遥控"转换开关,当需要使用电控柜面板操作时,选择"手动"挡;若用遥控器,则选用"遥控"挡。

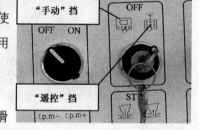

(1)泵送前的检查:

①检查液压油是否充分、正常,且润滑油箱应加满润滑油脂;

②泵送水箱加满清水或乳化剂,同时注意有无砂浆流入水箱,以判定混凝土活塞密封是否良好;

③检查眼睛板、切割环间隙是否正常(间隙不得超过2mm);

④检查泵送操作的各开关手柄是否处于中位(非工作位),急停开关旋起松开,关闭卸荷开关;

⑤启动泵送,尚未泵料时,应检查各功能动作及压力仪表指示是否正常。

(2)泵送作业操作:

三、混凝土泵车的操作

①操作机手应与端部软管作业人员联系沟通;

②开始泵送混凝土料前,先泵送少量水及砂浆,润滑管道;

③搅拌机构的手动换向阀(靠近料斗后侧处),切换至搅拌马达正转,待料斗中注入充分混凝土料后,启动遥控器或电控柜面板上的"泵送"按钮,开始自动泵送作业;

④泵送排量大小可以根据工作的需要来调节;

⑤当液压油箱油温达到设定值时,切换靠近料斗后侧处的"水泵/冷却"手动换向阀至"冷却",启动冷却风扇;

⑥如泵送过程中停顿约10~15min,应间歇地多次正泵和反泵,使混凝土料前后移动,保持良好流动性;

⑦如泵送中长时间停顿时,应将管道内混凝土料吸回到料斗,充分搅拌后再泵送;

⑧一旦堵管,不要坚持泵送,应立即进行多次反泵操作直至系统油压彻底降低;

⑨布料结束时,按下泵送停止按钮,泵送动作停止;

⑩停机后,将搅拌手动换向阀切换至中位,搅拌停止打开搅拌手动换向阀旁边的卸荷阀,释放蓄能器及液压管道内压力。

(3)泵送管路及泵车清洗:

①泵送结束后,反泵点动排出混凝土缸内混凝土料,打开料斗门,放出料斗内余料,用水冲洗

 混凝土泵车操作

料斗;

②卸下料斗出料口弯管,用水清洗干净,然后装上弯管;

③料斗内注水,锥管内装入海绵球,采用自动泵送来清洗;

④或者将海绵球从末端胶管塞入,用反泵操作,将海绵球吸入锥管处进行清洗;

⑤采用高压水泵对整车进行清洗等。

4. 收回到行驶状态

(1) 作业完成并清洗后,如果环境温度低于零度,则必须放掉水箱和系统中的剩水;

(2) 将布料臂按上述展开时相反的方法收拢折叠起来,放到托架上;

(3) 将支腿收拢锁定;

(4) 将分动箱从"作业"状态转换到"行驶"状态。

(四) 混凝土泵车单边支撑的特殊状况介绍

繁忙的交通状况和工地的空间有时不允许支起并完全打开支腿。在这种特殊情况下,可按下述"单边支撑"方法支起泵车。这种支撑方式是一种特例。只要可能,支起设备时必须使所有支腿打开并伸展到正常状况的末端。

当使用"单边支撑"时,必须严格按照操作规程并且在工作时多加小心。作为一种预防措施,

三、混凝土泵车的操作

在支腿下方使用较大的木块。这可防止某一支腿下沉而导致的稳定性危险。

在使用"单边支撑"时,应与沟、斜面以及类似的东西保持必要的距离。

1. 泵车的支撑

(1) 空间需求:

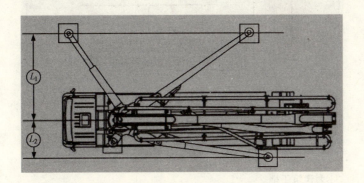

① 伸展支腿 L_1(m),L_1 具体数值由设备制造商确定;

② 伸展支腿约 L_2(m),L_2 具体数值由设备制造商确定。

(2) 泵车的支撑:

 混凝土泵车操作

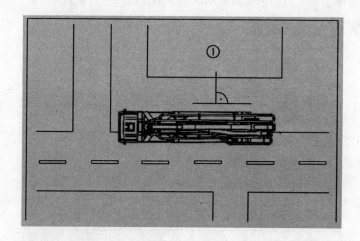

①为建筑工地。

将机器开到操作的场地并将其停靠在与建筑工地几乎垂直的地方。

注意：在工作侧的摆动支腿必须打开并伸展到正常状况的末端。

三、混凝土泵车的操作

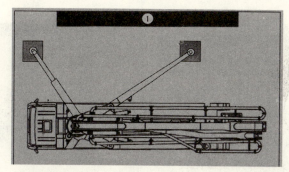

工作侧的支撑。①为建筑工地。

首先将泵车工作侧支撑起来。

然后,摆开受限制侧的后支撑腿;将机器受限制侧的后支腿摆开至少1m。

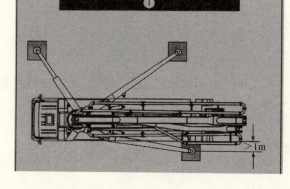

非工作侧的支撑。①为建筑工地。

混凝土泵车操作

警告

前支腿必须完全打开或完全收拢。支腿不能停在中间位置,因为这样可能会对机器产生破坏或影响稳定性。所以,当使用"单边支撑"支撑机器时,应当将不完全支撑侧的前支腿收拢。

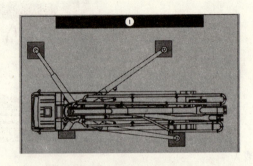

放下前支腿。①为建筑工地。

在不完全支撑侧的支腿下放支撑块及木块;

最后,放下支腿支撑起泵车。

(3)受限制的工作区域:

注意:使用单边支撑时的工作区域从布料杆安放位置计算起约为130°。

2. 使用单边支撑打开布料杆

如果使用单边支撑支起泵车,必须按照如下规定打开布料杆。

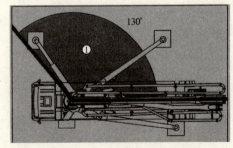

①为使用单边支撑时的工作区域。

三、混凝土泵车的操作

警 告

使用单边支撑打开布料杆时必须使用电气控制箱上的相应开关预选工作区域,否则130°的安全工作区域将不能保证。没有这样操作的后果是布料杆转到不能工作的区域并且泵车有可能倾倒。

一旦预选了工作区域,必须从电气控制箱的操作开关上取下钥匙并随身携带,以防未授权的人改变预选。

注意:下例所述的工作区域在卡车的右侧(乘客侧)。
①将电气控制箱上的相应控制开关转到需要的工作区域。
②相应控制开关上的标记指向相应支撑方向。
③电气控制箱上预选工作区域的指示灯亮起。
④回转支承上的预选工作区域侧的闪烁警告灯亮起。
⑤将控制开关上的钥匙取下并放好。

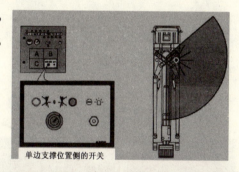

单边支撑位置侧的开关

警 告

如果电气箱上的指示灯和回转支承上的闪烁警告灯在另一错误侧亮起则表明电气系统有故障。在这种状况下你不能使用该设备。

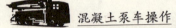
混凝土泵车操作

警 告

打开和收拢布料杆时始终遵守下列顺序和角度。并且在工作时注意任何碰撞的地方。如不遵守这种顺序，可能会使1节臂上的D铰链碰撞及损坏。

垂直地升起布料杆。

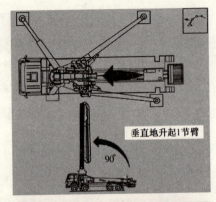

垂直地升起1节臂

警 告

有必要转动布料杆通过禁止的工作区域。这取决于布料杆原来的状态。只有在布料杆位于垂直状态时才能转动布料杆到禁止的工作区域。

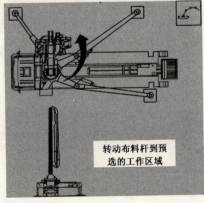

转动布料杆到预选的工作区域

三、混凝土泵车的操作

(1) 检查工作区域的限制:

注意:当你想将布料杆转动到工作区域时,你只能将布料杆转动到工作区域边缘。当布料杆转动到边缘位置时,布料杆的转动将被限位开关停止。这样只能向相反方向转动。

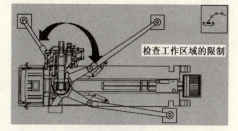

检查工作区域的限制

警 告

每次工作前对不完全支承侧的限位开关必须作检查。

如果在检查中发现不完全支承侧的限位开关无法正常工作,则必须停止电气控制开关工作并完全伸展机器的支撑。

完全转动布料杆到左端和完全转动布料杆到右端直到布料杆在各种情况下均自动停止。

关闭闪烁警告灯:

在测试完限位开关后应当关闭闪烁警告灯。

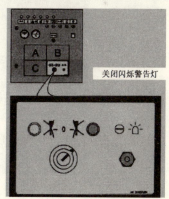

关闭闪烁警告灯

混凝土泵车操作

警 告

在打开 3 节臂前必须保证 1 节臂和 2 节臂间夹角至少 120°，否则其铰链（3 节臂和 4 节臂间的铰链）会撞到 1 节臂而导致损坏。

按照右图中①、②、③的料杆。

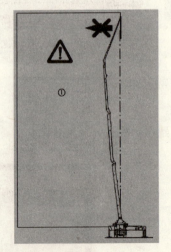

①为禁止的工作区域。

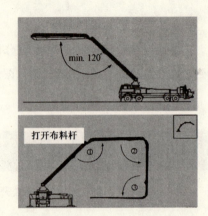

警 告

末端软管不能甩到布料杆垂直方向的后方。

三、混凝土泵车的操作

（2）使用单边支撑收拢布料杆，按照以下规定的顺序收拢布料杆。

> **警　告**
>
> 　　打开和收拢布料杆时始终遵守规定的顺序。小心地收拢布料杆。
> 　　在收拢3节臂前必须保证1节臂和2节臂间夹角至少120°，否则其铰链（3节臂和4节臂间的铰链）会撞到1节臂而导致损坏。

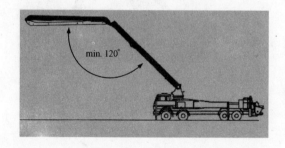

> **警　告**
>
> 　　收拢布料杆时注意禁止的工作区域。

 *混凝土泵车操作*

按右图①②③顺序收拢布料杆。收拢的顺序和打开的顺序相反。末端软管将自动嵌入其软管自锁销。

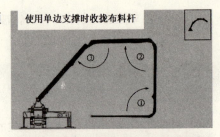

注意：布料杆必须完全收拢并放到布料杆托架上。末端软管在运输时固定好。

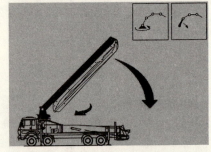

四、混凝土泵车维护保养与常见故障

（一）维护与保养

混凝土泵车的工作环境很恶劣，定期、正确的维修保养对于确保设备的效率、可靠性，以及增长工作寿命等十分重要。为了保证设备的正常运转、不误施工，要求操作者在施工前后和施工中勤检查、勤维护。下面针对混凝土泵车的泵送单元、臂架、底盘、润滑的相关保养给予说明及重点强调。

1. 泵送单元的维护保养

由于频繁的泵送作业，泵送单元的运动部件磨损比较快，而正确的维护保养，将提高工效，并延长易损件的使用寿命。因此，要求操作者在每次施工作业前后务必进行以下项目的日常检查。

（1）每班次将润滑油箱及各润滑点加满润滑脂，水箱加满清水。

（2）每班次检查各电器元件功能是否正常。

（3）每班次检查泵送换向、分配阀摆动，搅拌装置正反转是否正常动作。

（4）泵机泵送 2000 m³ 左右混凝土后应注意检查眼镜板与切割环间的间隙，若超过 2mm，且磨损均匀，则应考虑调整间隙。调整步骤如下：

混凝土泵车操作

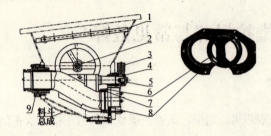

1—筛网；2—搅拌装置；3—摆臂；4—止转螺钉；5—异形螺栓；
6—切割环；7—橡胶弹簧；8—眼镜板；9—出料口

图 4-1 间隙调整结构图

①将料斗、S 管阀清洗干净；

②拧下止转螺钉 4；

③拧紧异形螺栓 5，将 S 管拉向料斗后墙板，使切割环与眼镜板之间间隙缩小；

④拧上止转螺钉 4。

切割环的更换步骤如下：

①关闭发动机，释放蓄能器内压力，取出料斗筛网。

②将图中异形螺栓松开 20mm 请不要松开太多，否则 S 管往后退时，轴承配合位会从轴承套中退出，损坏密封件封不住砂浆，影响 S 管的使用寿命。

四、混凝土泵车维护保养与常见故障

③拆下出口法兰，将S管往出口方向撬，使切割环和眼镜板的间隙达20mm左右，取出切割环。

④检查所装橡胶弹簧是否损坏，若损坏，请同时更换。

⑤反之则装上新切割坏。

眼镜板的更换步骤如下：

①重复更换切割环工序。

②拧下眼镜板的全部安装螺栓，稍微震动即可将眼镜板取出。

③装上新的眼睛板。

（5）每班次检查S管及S管轴承位置磨损情况，检查搅拌装置、搅拌叶片、搅拌轴承磨损情况，如果过度磨损，则需要更换，更换具体方法参见设备生产厂家的使用说明书。

（6）每班次检查混凝土活塞应密封良好，无砂浆渗入水箱。如发现水箱里有过多的混凝土浆，应查看是否需更换混凝土活塞，必要时更换。

（7）每班次检查混凝土缸的磨损情况，镀铬层磨损严重应予更换。

（8）每班次以敲击方式检查混凝土管磨损程度，检查各管路接头是否密封良好。如图示：

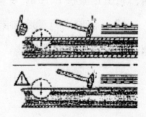

混凝土泵车操作

(9) 为使磨损均匀,让输送管寿命更长,可以定期旋转输送管:每浇筑约 3000m³,直管顺时针转 120°,弯管旋转 180°。如图示:

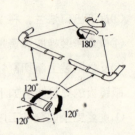

2. 液压系统的维护与保养

(1) 在开机工作前排放油箱底部沉淀水。同时每工作 50h 后,打开油箱底部排水阀放水。并注意不要让液压油流出。

(2) 每班次检查液压油,油位应处于油位计 3/4 以上,否则加满;油质应是淡黄色透明,无乳化或浑浊现象,否则应更换。新加入的液压油必须是生产厂家推荐牌号的液压油。新机使用 1 万 m³ 混凝土后进行第一次换油,后面每泵送 2 万 m³ 更换一次。

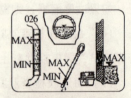

(3) 每班次检查冷却器外部,若有污物立即清洗,否则易引起油温过热,导致液压油早期氧化,进而损坏液压系统。

四、混凝土泵车维护保养与常见故障

(4) 每班次检查真空表指示,应在绿色区域内。

(5) 每班次检查液压系统是否有渗漏油现象,油箱盖板密封是否松动、进水进气。

(6) 每班次检查蓄能器气压是否达到生产厂家要求,如果不够,请充压,具体冲压方法如下:

①拧下蓄能器充气阀保护螺母,把充气工具带压力表的一端接氮气瓶,另一端接蓄能器。从氮气瓶输入的氮气必须通过减压阀。

②徐徐打开氮气瓶气阀,当压力表指示值达到规定值(10~11MPa)时,即关闭氮气瓶阀。保持20min左右,看压力是否下跌。

③拆开充气工具接蓄能器端之接头,卸下充气工具。

④拧紧蓄能器安全阀保护帽。

注意! 蓄能器充入的只能是氮气,充气压力必须按规定要求。

1—蓄能器;2—充气工具(带压力表、管接头);3—氮气瓶

(7) 在启动液压系统的条件下,让泵车空运行。如果滤油器的指示器已处在红色区域,表示要更换滤芯了。如果滤油器的指示器已处在绿色区域,滤油器工作正常。指示器已处在黄色区域,表示滤油器的滤芯部分堵塞;在红色区域则表示滤油器的滤芯不能正常进行过滤,必须更换滤芯了。

混凝土泵车操作

　　正常情况下，液压吸油过滤器滤芯每隔500h必须更换，而液压回油过滤器滤芯每隔1000h必须更换，而且第一个200工作小时必须更换滤芯。

　　吸油过滤器滤芯的更换步骤如下：

　　①用扳手松开位置4的螺母并卸掉；

　　②取出位置5的滤芯并换上新的滤芯（此滤芯为不能清洗型）；

　　③换上新滤芯，并向上按紧，并用扳手拧紧位置4的螺母。

　　回油过滤器滤芯的更换步骤如下：

　　①用扳手松开位置4的螺钉；

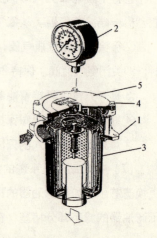

警　告

在更换过滤器之前，小心进行如下操作：

①关闭面板按钮；

②停止液压泵送；

③关闭发动机；

④释放液压系统压力；

⑤取掉点火钥匙以防止他人未经允许启动。

四、混凝土泵车维护保养与常见故障

②卸下位置 5 的盖子;

③卸下位置 3 的脏滤芯;

④装上新滤芯;

⑤装上盖 5,拧紧螺钉 4。

(8) 液压螺纹管接头保养指导如下:

①如果使用时发生漏油,允许将螺纹拧紧最多 1/2~3/4 圈。

②如果仍旧漏油,则需更换管接头及与之相接的液压管。也可用高压软管来替换硬管。必须正确安装和连接液压管道和接头。必须避免不能控制的振动,不能与机器接触,也不可强制连接。

③夹壁式管接头需垫止退垫圈以防扭曲。

④如果用软管连接,需检查之间密封头及 O 形圈。如果密封头或 O 形圈坏了,要换新的胶管。

3. PTO 分动箱的维护保养

(1) 分动箱严禁无油运行,不允许在运转情况下换挡!

(2) 取力齿轮箱只能在离合器断开,发动机至变速箱输出端的动力传递被切断和汽车变速箱处于空挡的状态下才能进行换挡,分动箱绝不允许在运转情况下换挡!

(3) 分动箱工作过程中出现任何异常都应切断动力进行检查!

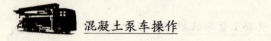

（4）分动箱工作过程中表面温度可灼伤皮肤，切勿触摸！

（5）按规定加入规定品牌润滑齿轮油8.5L，不超出与传动轴法兰等高的溢流螺塞为准。

（6）工作200h后第一次换油，每2000h换油一次。夏季，注意换油或补油。

（7）检查齿轮油的温度，对于矿物油，油温不得超过95℃，对于化学合成油，油温不得超出120℃。保持分动箱壳体表面的清洁。

（8）检查气压，工作气压不得超出各生产厂家的推荐值。

（9）每隔1000h向轴承加注黄油一次，加注1/3轴承空间。

（10）不能混合使用不同牌号和类型的润滑油，具体润滑油使用设备制造商推荐品牌与型号。

4. 汽车底盘的维护保养

汽车底盘的具体维护与保养的详细说明请参见底盘使用手册。在泵车每次行驶启动时，应至少做好以下项目的检查：

（1）发动机里机油的油位及油况检查。

（2）发动机的油压检查。

（3）发动机里冷却水位，冷却液液位及水温检查。

四、混凝土泵车维护保养与常见故障

(4) 轮胎的磨损及压力检查。

(5) 电气系统检查(例如照明,指示灯及停机灯等)。

(6) 后视镜的视野检查。

(7) 刹车系统的气压检查。

(8) 所有导向灯的工作检查。

(9) 油/气泄露检查(如有泄露,拧紧接头)。

(10) 安全装置检查(如限位开关,安全插销等)。

(11) 在泵车移动前,检查所有运动部件(例如固定支腿,臂架等)都已固定在规定的位置上。

5. 臂架部分的维护保养

为确保作业安全,必须严格按厂家要求对臂架进行维护保养,否则可能造成人身或设备事故。一般要求的保养如下:

(1) 每班次检查支撑件和连接件间的零部件是否可靠,工作是否正常。

(2) 每班次检查各结构件的焊缝有无开裂。

(3) 每班次检查各零部件相互运动间隙是否需调整,零件磨损是否导致失效。

(4) 每班次检查回转装置上的螺栓的预紧力矩,并按厂家要求在专

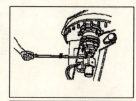

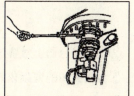

混凝土泵车操作

业人员指导下预紧。对于新泵车在两周或100个工作小时后须进行检查,以后每500h(或12个月)进行一次。

(5)定期检查液压电动机和减速齿轮箱,并按要求紧固螺栓。

(6)检查回转支承间隙,并按要求调整间隙。每500工作小时或每12个月检查回转支承的间隙,间隙是否在厂家要求的范围值以内。回转支承间隙检测如下:

①用测力矩扳手,检查回转支承上的螺栓是否按合适的扭矩正确拧紧。

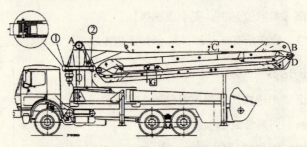

图4-2 回转支承间隙检查测量表安装位置示意图

①—回转支承前部测量位置;②—回转支承后部测量位置

②在回转台面上放置这两个测量表,一个放在回转支承前,一个放在回转支承后。

③当已关闭的臂架依靠在后部的臂架支承时,按下控制主液压缸"A"的按钮,确保臂架紧靠在支承架上。

四、混凝土泵车维护保养与常见故障

④把这两个测量表的示值对零。

⑤通过液压缸"A",升起臂架直到它离开支承架再读出两个测量表的示值。

(7) 每班次检查液压系统的零部件是否正常工作。

(8) 每班次检查电气控制系统及元器件是否正常。

(9) 每班次检查臂架上的输送管,臂厚应符合要求,无质量缺陷。

(10) 泵车底盘的保养必须严格按照底盘制造厂及泵车厂的维护保养要求进行。

6. 关于润滑的维护保养

润滑是为了使泵车的料斗、搅拌等处的滑动支撑处有较好的润滑,为了使回转减速机、PTO齿轮箱、臂架关节等运动副运转灵活,从而使摩擦减小、延长寿命。

> **警 告**
>
> 臂架结构的焊接修复必须由专业人员来执行。

(1) 每工作60h,对各臂架关节和支腿关节注油润滑一次;过程如下:首先将整机固定好,且臂架全部收拢后垂直立起,再充分回转臂架,同时将润滑油脂注入到回转台及臂架各关节上的润滑点;臂节应来回伸缩,多次加注润滑油脂。润滑油脂型号应使用设备生产商推荐型号。下图为支腿和臂架关节润滑点。

混凝土泵车操作

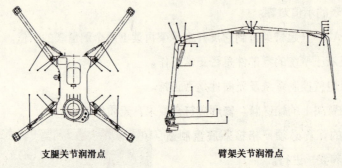

支腿关节润滑点　　　　　臂架关节润滑点

图4-3　支腿与臂架各关节润滑点指示图

（2）每工作50h，对回转大齿圈轴承注油润滑一次；润滑油脂型号应使用设备生产商推荐型号。

（3）工作第一个100h后，更换PTO取力分动箱内全部机油；以后每工作200h，补注机油一次，工作1000h后，更换全部机油。更换与补注的机油型号应与设备生产厂商推荐一致；分动箱机油补注与更换步骤如下：

①定期拧开该油位口螺堵，检查油位。

四、混凝土泵车维护保养与常见故障

②如需加注润滑油时,拧开油位口螺堵,注油至油溢出为止。

③如需更换润滑油,先拧开油位口下面的放油口螺堵,放尽旧油后,拧紧该螺堵;从加油口加油至溢出为止。

(4)定期检查、加注减速机润滑油。在工作100h(约5000m³)后应进行第一次彻底换油,其后每次换油按1000h(20000m³)的周期进行一次,在夏季因温度较高,齿轮油持续高温,挥发较快,应考虑换油或补油(约200h)。润滑油脂型号应使用设备生产商推荐型号。

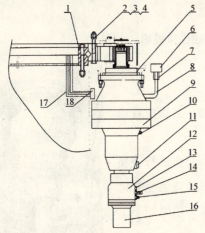

1—回转轴承;2—螺栓;3—垫圈;4—螺母;5—减速机油位口;
6—减速机通气罩;7—加油接头;8—输油管;9—减速机;
10—减速机呼吸口;11—减速机放油口;12—减速机刹车机构;
13—减速机刹车机构油位口;14—减速机刹车机构胶管;
15—减速机刹车机构放油口管加油口;16—油马达;
17—黄油输送管;18—回转轴承加注黄油座

图4-4 回转马达与减速机及刹车机构示意图

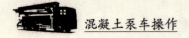 混凝土泵车操作

回转减速机内润滑齿轮油更换步骤：

①拧开减速机的放油口螺堵和油位口螺堵，把用过的旧油放掉。

②拧上放油口螺堵。

③拧开通气罩，从通气罩上加注新油（约4L）。

④直到减速机油位口有油溢出为止。

⑤此时先拧紧油位口螺堵，然后拧紧通气罩。

回转减速机刹车结构润滑齿轮油更换步骤：

①加油时，先拧开减速机的刹车结构加油位口螺堵和油位口螺堵。

②把用过的旧油放掉。

③从加油口加注新油直到油位口有油溢出为止。

④当多出的油从油位口溢出后，先拧紧加油位口螺堵，然后拧紧油位口螺堵。

（5）回转机构的润滑。正常情况下是每工作100h后，应进行一次注油。若工作环境潮湿、灰尘多或空气中含有较多粉尘颗粒或温差变化大，以及连续回转，则需增加润滑次数，当机器停止很长一段时间不工作，也须进行更深层次润滑。润滑过程如下：

四、混凝土泵车维护保养与常见故障

润滑点

回转润滑的姿势

①首先将整机固定好；

②臂架全部收拢后垂直立起；

③充分回转臂架；

④将润滑油注入位于回转台支柱上的 4 个润滑点。

（6）混凝土泵送活塞的润滑分为自动润滑和非自动润滑，对于采用非自动润滑的混凝土泵送活塞的润滑，可以按照如下的步骤：

①将其中一个活塞推到液压缸冲程末端，即退到注油位置（靠泵送水箱侧）；

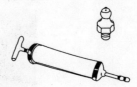

②用手动加油器给混凝土活塞加注润滑油脂；

混凝土泵车操作

③然后反向的操作,对另一个活塞加注润滑油脂,推荐每50h进行一次。

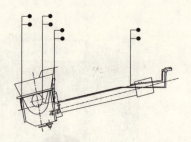

(7) 检查润滑系统工作情况,应看到递进式分油器指示杆来回动作,S管摆臂端轴承位置、搅拌轴轴承位置有润滑油溢出。手动润滑点每台班应注入润滑脂,见产品润滑标牌。

（二）泵送系统常见故障

1. 自动泵送不能启动

（1）泵送启动按钮接线脱落，重新接线。

（2）中间继电器烧坏，维修或更换继电器。

（3）电磁铁烧坏，更换电磁铁（普通电磁铁电阻在 22Ω 左右）。

（4）泵送超压或压力继电器故障，维修或更换压力继电器。

（5）比例放大器故障，没有控制压力。

（6）底盘挡位不正确，根据说明书选择正确挡位。

2. 主液压缸不动作

（1）主缸点动按钮接线脱落，重新接线。

（2）中间继电器烧坏，维修或更换继电器。

（3）电磁换向阀故障，一般为电磁铁烧坏，更换电磁铁（普通电磁铁电阻在 22Ω 左右）。

（4）PLC 无输出，重新输入程序（故障灯常亮表示 CPU 故障，闪烁表示程序故障）。

（5）其他控制线路故障。

（6）主泵排量调整旋钮调整不当。

(7) 油箱内液压油太少。

(8) 滤芯严重堵塞。

(9) 控制油路节流塞堵死。

3. 主液压缸不换向

(1) 换向感应开关不能感应信号。

(2) 接近开关故障,用螺丝刀或金属件交替碰触接近开关感应面,应看到电控柜内 PC 上输入指示灯交替亮。

(3) 中间继电器烧坏,维修或更换继电器。

(4) 电磁换向阀电磁铁烧坏,用万用表测量电阻应为 22Ω 左右,否则更换电磁铁。

(5) 其他控制线路故障。

4. 主液压缸活塞运行缓慢无力

(1) 主液压缸单向阀损坏。

(2) 主泵排量调整旋钮调整不当。

(3) 控制油压不够,全面重新调试控制系统。

(4) 补油泵溢流阀调到 3.5MPa,冲洗阀调到 3.0 MPa(须在厂家技术人员指导下进行)。

(5) 滤芯堵塞或液压油不够。

（6）控制油路节流堵塞。

（7）电磁换向阀故障，阀芯不能运动到位。

（8）高层泵送时，未及时进行补油操作，主液压缸封闭腔液压油减少，行程缩短。

5. 输送管出料不充分

（1）混凝土活塞磨损严重。

（2）眼镜板与切割环间隙太大。

（3）混凝土料太差，造成吸入性能差。

（4）S 管部分被堵塞。

6. S 管阀不动作

（1）分配阀点动按钮故障或者接线脱落。

（2）电液换向阀的先导阀芯卡死或者电磁铁线圈烧坏。

（3）分配阀被异物卡住。

（4）先导溢流阀故障使换向压力不够。

（5）液压泵故障，使换向压力达不到要求。

（6）混凝土料差，停机时间又长，换向阻力大，摆不动。

（7）S 管轴承磨损严重，换向阻力大。

(8) 中间继电器烧坏。

7. S 管阀摆动无力

(1) 蓄能器内压力不足或皮囊破损,重新充气。

(2) 卸荷开关未关闭。

(3) 摆动液压缸漏油。

(4) 先导溢流阀阀芯严重磨损,使换向压力低于 15MPa。

(5) 电液换向阀电磁铁故障或主阀芯弹簧断裂,使主阀芯运行不能到位;电液换向阀主阀芯磨损,产生内泄。

8. 液压油乳化问题

可能的原因:

(1) 空气中的水分因冷热交替而在油箱中凝结,变成水珠落入油中。

(2) 因焊缝、法兰等密封不严,油箱上的雨水渗入油箱。

(3) 因泵送液压缸损坏,水分被活塞杆带入油中。

(4) 清洗、换油、维修过程中带入水分。

故障处理:

(1) 及时排水,建议每次工作前开放水阀放一次水。

(2) 尽量避免在雨天换油，如果雨天换油，应采取措施防止雨水进入油箱。

(3) 雨天维修时，要做好防水措施。

在条件允许的情况下，在油温过高时，可往泵送液压缸封闭腔和冷却器上浇水，降低油温，防止高温氧化物产生。

9. 经常堵塞

主要的堵塞原因：

(1) 泵送管道中混凝土泄漏，如切割环与耐磨板之间，出料口与 S 管阀之间，活塞与混凝土管之间及管道快换接头处等。

(2) 液压系统压力不够。

(3) 混凝土的泵送性能不好。

(4) 混凝土中吸收了空气。

故障处理：检查更换切割环或密封圈与耐磨板；拧紧螺栓，压紧密封圈。更换磨损的部件；更换混凝土缸活塞；更换管卡密封圈；检查液压泵是否失效，调节最大压力阀；如果混凝土配料不合适，改变级配；检查管路中密封圈是否有效。

10. 水泵不出水或水泵压力不足

可能的原因：

混凝土泵车操作

(1) 没有蓄水或蓄水少。

(2) 过量的残渣导致进水管堵塞。

(3) 进水过滤器堵塞。

(4) 水泵的液压马达内部漏油。

(5) 分配阀漏油。

(6) 水泵安全阀不工作。

故障处理：重新加满水箱；疏通堵塞，必要时更换水管；清洗水过滤器，检查是否有损坏；检查更换液压电动机；检查更换阀块；调节水泵安全阀，更换已损坏的部件或更换整个安全阀。

（三）上装部分常见故障

1. 臂架都不能动作（手动正常）

(1) 臂架/支腿转换开关故障，维修或更换转换开关。

(2) 遥控接收盒内 F3/F4 保险烧坏，更换保险丝。

(3) 多路阀电磁铁故障，更换电磁铁。

(4) 其他控制线路故障。

2. 在个别位置时,臂架不能打开或不能移动

(1) 液压系统压力不够。

(2) 臂架上有其他异常多余的负载。

(3) 电磁阀阻塞或电磁阀烧坏。

故障处理:

(1) 如果阀门的最大压力指示值没有达到臂架工作时的值,应检查是否最大压力阀没有调节好。如果这样仍不能排除故障,则表明是液压泵损坏,应更换液压泵。

(2) 使多余的负载不再作用于臂架。

(3) 如果按照以上各条检查之后,仍不能使臂架正常工作,必须检查单一控制臂架的指令阀是否正常工作。

3. 臂架伸展或起升的颤动过大

连接间隙异常

(1) 各连接处销轴与固定座之间。

(2) 止推轴承固定部分与旋转部分之间。

(3) 止推轴承的螺栓松开。

故障处理:更换损坏部件,并保证运动副润滑频率,更换止推轴承,按规定紧固,拧紧或更换

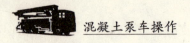

螺栓。

4. 臂架自动下沉

(1) 臂架液压缸中进入空气，因空气的压缩性比较大，臂架在不同的位置负载不同，当负载增加时，因空气压缩导致臂架液压缸伸缩，臂架下沉。

(2) 臂架液压缸内泄。

(3) 平衡阀内泄。

故障处理：进入空气，可按上章排气方法解决，反复憋压，以排除空气；液压缸内泄则要先检查活塞处密封圈是否损坏，若损坏，则更换密封圈，若没有，则检查液压缸缸筒，是否划伤、缸壁胀大等现象；平衡阀内泄一般是拆下来清洗，如果有零件损坏，则维修或更换零件，如损坏严重则更换整个平衡阀。

5. 臂架液压缸不同步（大臂两个支撑液压缸）

(1) 平衡阀开启压力。若平衡阀开启压力大于负载，则当开启压力不同时，开启压力小的平衡阀先开启，对应的液压缸先动作。液压缸产生不同步动作，当不同步到一定程度时，由于机械方面的限制，使压力升高，另一油缸才动作。

(2) 液压缸本身的摩擦力不同。液压缸本身的摩擦力就相当于一个负载，摩擦力相差较大就会引起油缸较严重的不同步。

(3) 两液压缸负载偏载,载荷小的液压缸先动作。

(4) 进回油压力损失不同。由于污物卡住或堵塞,阀芯开口不同,都会引起进回油压力损失不同,引起液压缸不同步动作。

故障处理:排除机械故障后,在液压方面也可做些调整,可以采取调节平衡阀压力,把先动作液压缸回油腔的平衡阀压力适当调高。

6. 旋转以后臂架停下来太慢

(1) 阀块因为脏物而发生阻塞。

(2) 泵的固定不水平。

(3) 刹车盘磨损。

(4) 刹车弹簧变形。

故障排除:清洗或更换阀块,升降支腿,使泵车保持水平,更换刹车盘,更换刹车弹簧。

7. 大臂只能升不能降

(1) 大臂限位器故障,维修或更换大臂限位器。

(2) KA40继电器故障,更换继电器。

(3) 遥控器故障,维修或更换遥控器。

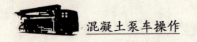
混凝土泵车操作

8. 臂架在负载下不能锁定

（1）锁定阀块未调节好，阀块脏或损坏。

（2）液压缸内渗漏。

故障排除：调节或清洗、更换该阀块，更换密封件，检查油管是否损坏。

9. 回转不能动作

（1）回转限位器故障，维修或更换限位器。

（2）遥控器故障，维修或更换。

（3）多路阀电磁铁或回转锁止阀电磁铁故障，更换电磁铁。

10. 销轴不能得到润滑

（1）润滑油嘴阻塞或损坏。

（2）润滑管道因脏物而发生阻塞。

故障排除：更换润滑油嘴，取出销轴，检查管道阻塞原因及磨损和间隙情况。

注意：这种情况可能导致销轴咬死，销轴随臂架转动，销轴卡板被破坏等。

这里有两种方法取出销轴：

（1）油嘴和连接部位向销轴加注润滑脂，然后取出。

（2）向销轴加注润滑脂，仍然不能取出，则用加热法取出，这样必须更换销轴和轴套。

四、混凝土泵车维护保养与常见故障

11. 支腿无动作

（1）臂架/支腿转换开关故障，维修或更换转换开关。

（2）控制柜 KA24 继电器故障，维修或更换继电器。

（3）一臂下降限位开关故障，维修或更换限位开关。

（4）多路阀电磁铁故障，更换电磁铁。

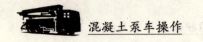
混凝土泵车操作

附录一 三一重工混凝土泵车故障的诊断与排除

(一) 概述

混凝土泵车是将混凝土泵送至一定高度并实现一定时间内连续浇筑的设备,如果出现故障将影响用户的施工进度,给双方的经济效益和社会效益带来负面影响,故必须及时诊断和排除,以挽回客户的经济损失及维护双方的企业形象。下面将从混凝土泵车的机械部分、液压系统、电气控制系统三个方面,阐述混凝土泵车的常见故障以及给出相应的排除方法。

(二) 机械部分常见故障的诊断与排除(附表1-1)

附表1-1

序号	故障现象	故障原因	排除方法
1	臂架异响	润滑不好; 转台与臂架液压缸座对称度误差太大,造成端面摩擦; 对称度误差造成的连杆与臂架及连杆与液压缸座端面摩擦	检查异响处的润滑情况; 检查转台与臂架的接触面,若磨损严重的话则需要返修或更换; 检查臂架、连杆、液压缸之间的接触面,若磨损严重的话则需要返修或更换

附录一 三一重工混凝土泵车故障的诊断与排除

续表

序号	故障现象	故障原因	排除方法
2	前支腿伸缩异响	固定臂上托滚孔钻偏,造成活动臂向一侧歪斜	调节托滚直径或返修
3	前支腿支撑地面后,活动臂上翘明显	活动臂与固定臂间隙过大	活动臂与固定臂间加垫板或更换
4	支腿展开不到位	前支腿展开液压缸铰轴位置不对	返修或更换
5	活塞寿命过短	泵车泵送的混凝土是否含有大量的超硬砂料; 检查混凝土活塞是否存在偏磨现象; 客户未及时在洗涤室内加清水,使活塞高温水解; 润滑不足	检查润滑管道,查看各润滑孔是否堵死; 检查活塞是否存在偏磨,若有则需重新调整液压缸与输送缸的同轴度
6	堵管	混凝土质量不合要求; 眼镜板与切割环间隙过大,造成压力损失过大; S管内部或输送管内部有结料现象; 泵车存在换向问题; 泵车主系统压力或恒功率不够	1. 查看混凝土是否符合泵送要求 2. 查看眼镜板与切割环之间的间隙。若过大则拧紧S管的锁紧螺母 3. 查看S管内部或输送管内部是否有结料现象

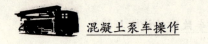混凝土泵车操作

续表

序号	故障现象	故障原因	排除方法
6	堵管	混凝土质量不合要求； 眼镜板与切割环间隙过大，造成压力损失过大； S管内部或输送管内部有结料现象； 泵车存在换向问题； 泵车主系统压力或恒功率不够	4．泵送时，检查发现每次堵管时，并不是在泵车主液压缸换向位置，故液压系统的换向系统应无故障 5．泵车主系统压力在憋压时，压力表指针迅速上升到21MPa后，再缓慢上升到32MPa。调整主系统压力使其迅速上升到32MPa。试打混凝土有所好转，但在混凝土坍落度比较低时，堵管仍比较频繁。将主液压泵恒功率阀拧进半个圈左右后，泵送恢复正常，说明主液压泵功率调节过小，进而影响了主液压泵的压力上升
7	切割环磨损快	切割环本身质量问题； 泵车泵送的混凝土中含有大量的超硬砂料； 眼镜板磨损较严重； 切割环装配质量不到位； 切割环与眼镜板之间存在错位现象	检查前面四项故障现象均不存在。在检查切割环与眼镜板之间密合时，发现S管不能摆到位，再仔细检查摆臂与S管花键齿之间不存在错位，但安装摆缸的下球面轴承座严重磨损，更换此件后故障消除

续表

序号	故障现象	故障原因	排除方法
8	手动润滑脂泵摇不动,各润滑点不来脂	手动润滑脂泵本身存在故障; 片式分油器阻塞或损坏; 大、小轴承座以及搅拌轴套各润滑点某点或多点堵塞	1. 将润滑脂泵的出脂口钢管拆下来,再摇润滑脂泵,发现润滑脂泵能正常出脂,并能轻松摇动,说明润滑脂泵不存在问题 2. 分别依次拆卸大、小轴承座以及搅拌轴套各润滑点。如发现拆下某润滑点时,再摇润滑脂泵,工作正常,那么则是该润滑点被堵死
9	分动箱无法切换	汽车底盘气压不够; 气缸和气动换向阀故障; 电器故障	1. 检查汽车底盘气压符合要求 2. 检查气缸活塞密封无损坏现象,不存在串气现象 3. 将气动换向阀的电器插头取下,进行手动换向,结果正常,证明为电器故障

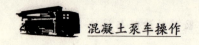
混凝土泵车操作

续表

序号	故障现象	故障原因	排除方法
10	分动箱抖动大、噪声大	传动轴动平衡误差大，径向跳动大； 齿轮损坏； 轴承损坏； 连接盘花键损坏； 减震垫损坏	将传动轴更换看故障是否排除； 检查齿轮； 检查轴承； 检查连接盘； 检查减震垫
11	整车振动大	传动轴动平衡误差大，径向跳动大； 变速箱至分动箱的吊架轴承损坏； 万向节损坏	将传动轴更换看故障是否排除； 检查变速箱至分动箱的吊架轴承； 检查万向节
12	分动箱温度高，气缸密封连续损坏	气缸本身质量问题； 气缸受高温烘烤，使气缸密封变形，从而产生串气现象	1. 气缸内表面无任何拉伤，表面非常光滑，故不存在质量问题 2. 手摸分动箱表面，发现分动箱温度过高。再将分动箱内的润滑油放出，发现有30L以上，比规定值多出12L以上，而平时并未添加润滑油。故应为主液压泵或臂

附录一　三一重工混凝土泵车故障的诊断与排除

续表

序号	故障现象	故障原因	排除方法
12	分动箱温度高，气缸密封连续损坏	气缸本身质量问题；气缸受高温烘烤，使气缸密封变形，从而产生串气现象	架泵密封损坏，造成液压油泄漏到分动箱中。经检查为主液压泵密封损坏，更换气缸和主液压泵密封后泵车工作正常

（三）液压系统常见故障的诊断与排除（附表1-2）

附表1-2

序号	故障现象	故障原因	排除方法
1	主系统无压力或主系统压力不能达到设定的32MPa	主溢流阀的插装阀阀芯卡死在上位	更换主溢流插装阀
		主溢流阀的溢流阀芯磨损	更换主溢流插装阀
		DT1电磁换向阀阀芯磨损	更换DT1电磁换向阀
		主液压泵的恒压阀插头松动或阀芯磨损	拧紧插头或更换恒压阀
2	泵送系统不换向（主系统压力正常）	控制电磁铁DT2～DT5不得电或卡滞	检查线路或更换DT2～DT5控制电磁铁
		主四通阀或摆缸四通阀卡滞或损坏	更换主四通阀或摆缸四通阀

99

续表

序号	故障现象	故障原因	排除方法
3	小排量泵车（如37m和42m），低压泵送时混凝土活塞不能前进到输送缸靠料斗的规定行程处就换向，而且换向次数越来越快	主液压缸无杆腔连通插装阀（即插装阀23）阀芯与阀套之间磨损，导致无杆连通腔的液压油泄回油箱，从而使无杆连通腔的液压油越来越少	更换主液压缸无杆腔连通插装阀（即插装阀23）
		主液压缸的活塞密封损坏，导致泵送时内泄回油箱的液压油比内泄进无杆连通腔的液压油多，从而使无杆连通腔的液压油越来越少	更换液压缸活塞密封件
4	小排量泵车（如37m和42m），高压泵送时混凝土活塞不能前进到输送缸靠料斗的规定行程处就换向，而且换向次数越来越快	主液压缸的活塞密封损坏，导致泵送时内泄进油杆连通腔的液压油比内泄回油箱的液压油多，从而使有杆连通腔的液压油越来越多	更换液压缸活塞密封件
		插装阀22.2和22.3阀芯与阀套之间磨损，导致主系统压力油从阀芯锥面泄入到有杆连通腔内去	更换插装阀22.2和22.3

附录一 三一重工混凝土泵车故障的诊断与排除

续表

序号	故障现象	故障原因	排除方法
5	大排量泵车（如45m及以上），低压泵送时混凝土活塞不能后退到输送缸靠洗涤室的规定行程处就换向，而且换向次数越来越快	插装阀22.1和22.2阀芯锥面磨损，导致主系统压力油从阀芯锥面泄入到无杆腔连通腔内去，无杆连通腔的液压油越来越多	更换插装阀22.1和22.2
		插装阀22.10和22.11阀芯与阀套之间磨损，导致怠速时蓄能器压力油泄入到无杆连通腔内去	更换插装阀22.10和22.11
		退出液压缸的活塞密封损坏，导致蓄能器压力油泄入到无杆连通腔内去	更换退出液压缸的活塞密封件
6	大排量泵车（如45m及以上），高压泵送时混凝土活塞不能后退到输送缸靠洗涤室的规定行程处就换向，而且换向次数越来越快	主液压缸有杆腔连通插装阀（即插装阀22.9）阀芯与阀套之间磨损，导致有杆连通腔的液压油泄回油箱，从而使有杆连通腔的液压油越来越少	更换插装阀22.9
		高压换向插装阀22.1~22.4盖板中阻尼孔堵塞，致使主液压缸换向补油不正常，使有杆连通腔的液压油越来越少	检查或更换插装阀22.1~22.4盖板中阻尼孔

 混凝土泵车操作

续表

序号	故障现象	故障原因	排除方法
7	摆缸换向无力	蓄能器氮气压力不够	检查、补充氮气
		主四通阀或摆缸四通阀内的堵头脱落	检查
		主油泵内的梭阀卡滞,导致蓄能器压力与主系统串通	检查或更换主液压泵内的梭阀
		蓄能器的进油口单向阀卡滞,不能保压	检查或更换蓄能器的进油口单向阀
		恒压泵或双联齿轮泵损坏	更换恒压泵或双联齿轮泵
8	泵送系统乱换向	泄油阀内阻尼孔堵塞	检查泄油阀内阻尼孔
		摆缸小液动阀的阀芯卡滞	检查或更换摆缸小液动阀
9	液压油温异常升高	主溢流阀在泵送过程中存在溢流现象	更换主溢流阀
		风冷电动机不转,或者其容积效率下降导致风冷电动机转速低	更换风冷电动机
		风冷却器的散热片被灰尘堵塞,导致冷却不畅	清理散热片上灰尘

附录一 三一重工混凝土泵车故障的诊断与排除

续表

序号	故障现象	故障原因	排除方法
10	臂架只能左旋或右旋	回转限位电磁阀线圈烧坏或阀芯卡死	检查、更换回转限位电磁阀线圈或整个电磁阀
		回转平衡阀阀芯卡死或损坏	更换回转平衡阀
11	臂架与支腿均无动作	多路阀的旁通阀不得电	检查线路
		多路阀的三通流量阀卡死或者是其里面阻尼接头脱落	更换三通流量阀
		有臂架切换阀的泵车,则可能是臂架切换阀线圈烧坏或阀芯卡死	检查、更换臂架切换阀线圈或整个电磁阀
		对于装配变量臂架泵的泵车,则可能是臂架泵的负载敏感阀、恒压阀或恒功率阀卡死	检查、更换变量臂架泵的控制阀
12	臂架动作、臂架回转及支腿动作中任一个不能动作,其余正常	多路阀相应的换向滑阀片电气故障,相应电比例阀不得电	检查线路
		多路阀相应的换向滑阀片内的二通流量阀卡死或者是其里面阻尼接头脱落	检查、更换二通流量阀

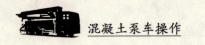

续表

序号	故障现象	故障原因	排除方法
13	臂架展开或收回动作缓慢	多路阀相应的换向滑阀片问题	更换单片阀
		臂架平衡阀调定压力过高	调低臂架平衡阀压力
		臂架平衡阀的阻尼孔堵塞	检查臂架平衡阀的阻尼孔
14	泵送及风冷系统工作正常但液压油温异常升高	臂架多路阀主溢流阀的调定压力过低，导致臂架动作时存在溢流现象	调高臂架多路阀主溢流阀压力
		臂架多路阀三通流量阀磨损	检查、更换三通流量阀（检查的方法是在近控状态下检查臂架无动作时下卸荷压力，正常情况下，该卸荷压力只有0.9MPa，压力表上基本显示不出来；非正常情况下，该卸荷压力可能会达到3MPa以上，从而使油温异常升高）

（四）电气控制系统常见故障的诊断与排除（附表1-3）

附表1-3

序号	故障现象	故障原因		排除方法
1	文本显示速度不正常	信号线接触不良		重新接线
		基极电阻偏低		按图纸检查阻值并处理
		三极管工作不正常		更换三极管
		地线接触不良		重新处理接线
2	按下正/反泵按钮发动机不能升速	PLC输入点未检测到信号		检查钮子开关及线路
		分动箱未处于液压泵位置		分动箱切换到液压泵位置
		未起动发动机或发动机测速故障		起动发动机或检查测速传感器及其相关线路
		挡位挂错		正确挂挡
		紧急停止		查看紧停开关及线路
		进口奔驰 VOLVO	车辆控制模块上接插件接触不良	检查处理线路或更换
		五十铃	电路板输出信号不正常	查看电压值是否为正常范围（急速时82对80号线为0.8V升速则慢慢上升至3V左右）

混凝土泵车操作

续表

序号	故障现象	故障原因	排除方法
3	按下正/反泵按钮,无泵送动作	速度未升至设定速度	按上述方法处理
		PLC 输出点无输出	检查 PLC 输出点是否烧坏
		中间继电器接触不良	检查继电器及其接线
		FU3 保险损坏	更换保险
4	文本显示器不显示有关信息	与 PLC 连接电缆未接好	重插插头并拧紧螺钉
		文本显示器损坏	更换文本显示器
		电源接线接触不好	重新接好显示器电源线
5	文本显示器显示"紧急停止"	紧急停止按钮按下	检查并松开紧停按钮
		中间继电器 KA18 接触不良,常闭点未真正断开	检查继电器及其接线
		遥控器故障	检查或更换遥控器
6	冷却风机不动作(38~55℃)	温控开关损坏	更换温控开关
		中间继电器接触不良	检查继电器及其接线
		风冷电磁阀故障	清洗或更换
7	泵送时里程表仍有指示	液压泵位置接近开关未装好	调整接近开关
		断开里程表的中间继电器接触不良	检查或更换继电器

附录一 三一重工混凝土泵车故障的诊断与排除

续表

序号	故障现象	故障原因	排除方法
8	水泵不工作	水箱内无水	水箱加水
		按键 F4 损坏	处理或更换文本
9	打泵时排量无法调节	Q0.0 损坏	更换 PLC
		达林顿管损坏	更换达林顿管或印刷电路板
		电磁铁故障	更换电磁铁
		压差传感器信号始终都有	更换压差传感器
10	搅拌一直反转	压力继电器(13.1)一直有信号	重新调整或更换压力继电器
		PLC 扩展模块输出点损坏	更换 PLC 输出模块
		中间继电器 KA28 接触不良	检查继电器及其接线

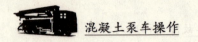
混凝土泵车操作

附录二 德国 pm 公司混凝土泵车常见故障及其排除方法

泵送故障是指混凝土泵及输送管道都完好的情况下，发生泵送不能进行的现象，常见的故障有堵管和堵泵，其中对施工影响较大而且也比较难处理的是堵管。

（一）堵管

1. 堵管的征兆

在刚刚出现征兆时，应及时采取措施，这对于防止堵管非常重要。

在正常情况下，泵送油压最高值不会达到设定压力，如果每个泵送冲程的压力峰值随着冲程的交替而迅速上升，并很快就达到了设定压力，正常的泵送循环自动停止，主油路溢流阀发出溢流的响声，就表明发生了堵塞，有的混凝土泵设计有自动反泵回路，如频繁反泵都未恢复正常泵送，就要试用手动反泵。

进行手动反泵时，只要按下反泵按钮，使两缸各进行一、二个冲程的反泵循环，把管道中的混凝土吸回一部分到料斗后，通常就能排除堵管，有时这种反泵操作要进行多次才有效，在操作时，一般反泵 3~4 个行程，再正泵，堵管即可排除，如多次反泵仍不能恢复正常循环，表明已经堵牢。

附录二 德国 pm 公司混凝土泵车常见故障及其排除方法

垂直向下泵送作业时，由于混凝土自重因素的影响，在混凝土落差较大的情况下，一般反泵无法将混凝土回抽到料斗，须谨慎使用反泵功能，否则在反复反泵—正泵的操作下容易使砂浆流失，造成锥管或 S 管堵塞。

2. 堵管部位的判断

若反泵操作不能排除堵塞，则要找出堵塞位置，拆管排除。可一边进行正泵—反泵操作，一边让其他人员沿着输送管路寻找堵塞部位。一般情况是从泵的出口开始，未堵塞的部位会剧烈振动，而堵塞部位之后的管路是静止的，还可以用木锤敲打检查，凭手感和声音判断堵管部位。一般而言，直管堵塞可能性小，锥管、弯管可能性大，最末端弯管容易堵塞，在长距离水平输送时，如有管接头漏浆，它后面的直管也容易堵塞。

3. 堵管的处理方法

在一边进行正泵—反泵操作，一边让其他人员沿着输送管路寻找堵塞部位时，可以用木锤敲打被认为是堵塞的部位，有时能使堵塞的骨料瓦解而恢复畅通，若敲打无效，不准用铁锤或其他可能伤害管道的物件重击。

如堵管部位判断准确，只要把堵塞段管件拆下，消除其中已堵塞的混凝土，再装回去，即可继续泵送。

如果堵管部位离泵机较近，堵塞段被清理后回装到管路，由于这段空管的气塞作用，也会再次

混凝土泵车操作

造成堵管。在这种情况下,应将堵塞段以后的管道混凝土用气洗或水洗清除,再接管泵送。管线较长时,可分段拆洗。

(二) 堵泵

S阀式混凝土泵堵泵常发生在S阀,闸板阀混凝土泵常发生在Y管,碟形阀混凝土泵常发生在吸入流道或阀箱。

堵泵通常是由于混凝土配比不良引起,发生堵塞时,通常主油路压力明显降低,混凝土输出量明显减少,最后变为空载运行,堵泵比较容易判断。

处理方法是用反泵浆输送管道中的部分混凝土吸回料斗,加入一定砂浆,再进行搅拌,然后再进行泵送,之后再向料斗加料时,必须换用较好配比的混凝土,如果反泵无效,就应及时打开分配阀,清除分配阀和料斗中的不良混凝土,然后将分配阀装回原位,重新加入新料,再进行泵送。

吸入空气也容易发生堵泵,泵送离析的混凝土或料斗打空都会吸入空气,使泵吸入效率迅速降低,最后吸入和泵送全部停止,如有一部分空气被压送到输送管道,在泵送时会听到类似打气筒打气的"嗤——嗤"声。

当吸空现象较严重时,用反泵方法往往难以挽救。如能及时向料斗内加入一些水泥砂浆可能更有效,否则只能打开分配阀清除劣质混凝土再重新泵送。

（三）向下泵送时的堵塞现象

向下泵送暂停时，如果混凝土在管内自流，可能会造成气塞堵管。发生这种故障时，如料管上部装有排气阀，及时排气，可恢复正常。如排气无效，便只能进行气洗或水洗。

（四）产生泵送故障的一般规律

（1）向高处泵送时，容易反泵，不容易发生堵管，但容易发生阀箱堵塞（垂直蝶阀）。

（2）水平泵送距离长或向下倾斜泵送时，不容易反泵，但容易发生堵管。

（3）混凝土质量不好或离析时，容易发生堵管或堵泵及吸入空气发生堵塞。

（五）防止泵送故障的措施

（1）要有合理的施工布置，包括输送管道，混凝土泵及供料系统工的合理布置。

（2）泵送混凝土的配比要合理，质量要好。

（3）保持泵机的良好技术状况，料斗、Y形管、阀箱及管道内无淤结混凝土，管道管卡部位处密封良好；及时更换磨损件和调整磨损间隙；按规定做好维护保养工作。

（4）泵送中断的时间不要太长。

混凝土泵车操作

(5) 正确操作。

(6) 做好输送管道的维护工作,不使用严重损坏的或未清洗干净的管件。

堵塞原因及处理措施见附表2-1。

堵塞的原因及处理措施　　　　　　　　附表2-1

项　目	原　因	处理方法
混凝土坍落度不符合泵送要求	混凝土料太干或太稀,坍落度不稳定	坍落度应保证在12~18cm之间
骨料级配不理想或水泥含量低	混凝土料砂浆太少不能完全包裹石子	保证水泥含量大于320kg/m³,含砂率大于40%
搅拌不充分,泵送过程中,没有按规定定时摆动S管	混凝土料含干水泥或搅拌后停留时间过长	重新搅拌,每隔10min摆动一次S管输送一次混凝土
打高层时水平管路太短	水平管应为垂直管的1/5	加装水平管
管接头内未装密封圈,密封不严、漏浆	输送管漏压,输送压力减小	重装密封圈,管接头不得漏水

附录二 德国 pm 公司混凝土泵车常见故障及其排除方法

续表

项 目	原 因	处 理 方 法
加长管路时,一次加接太多且没有湿润管壁	新加管未润滑,加大了输送阻力	一次至多加接 1~2 根并用水湿润输送管
眼镜板及切割环的间隙大,S 管止口橡胶弹簧损坏	S 管漏压,输送压力减小	更换橡胶弹簧更换眼镜板或切割环,修补 S 管
若洗涤箱内有砂浆	混凝土活塞磨损严重	更换活塞
拆下锥管,点动泵送按钮,若出料很少	S 管管壁内固结混凝土,导致输送混凝土通径减小	清理 S 管内壁混凝土
拆下锥管,点动泵送按钮,混凝土活塞不运动	混凝土堵在混凝土缸内	清理混凝土缸内混凝土
堵管现象反复出现在同一部位	输送管内径尺寸不同即输送管内壁有台阶造成堵管	用直尺测量,更换内径与众不同的输送管
分配阀摆动不能到位	混凝土料太差摆动阻力过大	调整配合比

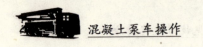

续表

项　目	原　因	处　理　方　法
分配阀摆动不能到位	A4V 主泵的补油泵控制限压阀(116)脏	松开限压阀,将其转过面来,检查弄脏零件
	电液换向先导阀(103a)不动作	该阀当活塞处在中间位置时是关闭的。检查并清洗阀,测试换向线圈应答,如果无作用更换之
	带限压阀的双向供油泵溢油的单向阀(138)脏或黏滞	逆时针旋转松开阀座,用手动检查其动作及表面密封
	缺少液压油,机器被自动关闭	注满液压油
	阀因黏滞而关闭	用紧急手工操作来释放机械锁定

附录二　德国 pm 公司混凝土泵车常见故障及其排除方法

续表

项　目	原　因	处理方法
分配阀摆动不能到位	电气遥控调节不起作用	更换开关箱易见到的熔丝，关闭排量调节器 125
	排除以上原因在测试点 M2/5 上仍无补油压力	检查补油泵及主泵，必要时更换新泵
泵机性能不理想	高压限压阀（138）(HD) 设定不当	调节调整螺钉设定好压力值
	液压系统主泵（127）未被充分运行	关闭流量调节器（125），提高输出排量
	吸油管漏油或进入空气	排除泄漏，泵及油路系统彻底排气
	推送液压缸（101）或活塞环损坏或磨损	更换损坏件或磨损件
	低压限压阀（139）开路	打开阀帽，用扳手旋 2~3 圈再装好，以冲溢出脏物
	换向时间太短	调节换向叉，调整换向冲程时间

项 目	原 因	处理方法
泵机性能不理想	排量调节器开得太大或开足了	关上排量调节器
	交替溢流阀内置低压阀座损坏或脏	旋开限位螺钉,手动检查柱塞能否自由活动,否则更换该阀
泵不能切换	液压油太少	注满液压油
	保险丝 F7 烧断	更换保险丝
	开关箱中的步进继电器故障	操作切换功能,检查在切换模板箱上的发光二极管
	限位开关离开关叉太远或太近	调整位置:在最快冲程时间内,活塞在到达缸底前需换向
	限位开关末端触点氧化或松动	清洁及拧紧触点
	电气箱内延迟继电器 K1(d2)损坏	开始换向时,打开电气控制箱可听到并清楚地看到延迟继电器动作;否则更换继电器

附录二 德国 pm 公司混凝土泵车常见故障及其排除方法

续表

项 目	原 因	处理方法
泵不能切换	反泵控制阀（108）黏滞	检查阀，用手动作紧急换向，检查油压及线圈
	S 管能换向，但液压缸活塞不换向	检查"SN"压力峰值缓冲阀是否脏。检查控制主泵 127 左、右斜盘偏转平衡的控制压力 M7，如果主泵不能调节该压力，因为泵系统内有故障，更换该主泵
液压油过热	在高输出排量的状态下，水槽中的冷却水太少	将水注满
	冷却水过热	重新换水
	液压系统中的液压油太少	将液压油注满

续表

项目	原因	处理方法
液压油过热	由于混凝土的质量差,并采用很高的输送排量,泵在最高的压力范围内运行	降低泵的输送速度,或者请求使用质量更好的混凝土(成分)
	一直使用最高压长距离输送	提高输送管道尺寸,如从 $DN100$ 增大到 $DN125$。
	堵塞后造成的过压	排除堵塞(作若干次正反向泵送)
	散热器(132)弄脏了,散热器风扇不转	打开散热器。清洗。检查电压和热电偶(55℃)的接地(不要接在散热器的前面)
	布料杆控制错误地设置在支腿功能	将控制阀回到0位
泵机不能反泵	开关S3(S1)损坏,绿色指灯不亮	更换开关
	交换继电器损坏	激活开关S3(S1),交换继电器必须交换接触87a与87,绿灯继续点亮。如果不行,更换继电器K3(d4)

附录二 德国 pm 公司混凝土泵车常见故障及其排除方法

续表

项　目	原　因	处理方法
泵机不能反泵	脏物黏滞反泵控制阀（108）	★用手动按动紧急手控几次，如必要清洗或更换该阀
	接线头松	开关箱内4端子拧紧或反泵控制阀及交换继电器 K3（d4）线拧紧
	泵机不能用遥控器操作反泵	更换按钮开关
温度表指示或显示读数不对	电器箱内 F7（Si2）熔丝坏	更换熔丝
	温控探头坏	更换探头 ［附注：更换时确保接地良好（不能用塑料密封带，不能用粘结胶，可用铜圈）］
	温度指示仪表坏	更换温度仪表

续表

项　目	原　因	处理方法
操作指示灯不亮	柴油发动机钥匙未插足	将启动钥匙开至"0"位，操作指示灯 H1（L2）点亮 
	"NMV"限位开关，PTO 之间齿轮箱或传动故障，不能联接	检查动力输出转换开关（气动），连接输出齿轮吻合
	供电电缆损坏	检查接线头，如必要更换电线
	电源供电正常，操作指示灯不亮，灯泡坏了	更换灯泡

附录二 德国 pm 公司混凝土泵车常见故障及其排除方法

续表

项 目	原 因	处理方法
遥控器不能开动和关闭泵机	控制泵送和关闭的延时继电器 K2 (d1) 无作用	检查接触,可听到开关声,如必要更换继电器
	电器箱内熔丝 F8 (Siz) 损坏	更换熔丝
	电磁换向阀 (103a) 不开关	检查电线接头及线圈,用手按动紧急手控按钮,如必要,更换换向阀
	无线电控制系统中的紧急关闭脉冲	由于无线电干扰,会直接产生无线电控制系统中的紧急关闭脉冲。必要时,可移动发射器的位置。在某些环境中,特别是在建筑工地上,有时必须要采用有线遥控系统来工作。如果无线电控制系统中具有频道选择器的话,可以变换频道

项　　目	原　　因	处 理 方 法
在每次的冲程后，泵不再切换	机器上有接近开关，接近开关发生故障	更换接近开关
	切换阀（103a）上的一个线圈发生故障	更换切换阀
	连接切换阀的插座被腐蚀了	检查在切换阀上的接插器

附录三　泵送混凝土基本知识

混凝土作为泵车的工作对象,其质量和配合比直接影响着泵送工作效率和泵送性能。所以混凝土泵车的使用者必须对混凝土的基本知识有所了解,包括混凝土组成材料的成分、配合比、品质及制备质量要求等。

(一) 混凝土基本知识

混凝土是由胶结料和骨料组成的混合物,通过搅拌、浇筑成型和养护硬化而成。通常胶结料有水泥、石膏、沥青、聚合物等材料;骨料有砂、石子等材料。按照混凝土的密度可分为重混凝土、普通混凝土和轻混凝土。按照生产与施工方法混凝土又可分为预拌(商品)混凝土、泵送混凝土、预应力混凝土、碾压混凝土、喷射混凝土等。

1. 普通混凝土的组成材料

普通混凝土的基本组成一般是由水泥、砂、石料、水、外加剂等组成。

水泥是一种磨得很细的材料,按其组成成分可分为硅酸盐水泥、粉煤灰水泥、矿碴水泥、火山灰水泥及复合水泥等,通常制造混凝土采用最多的水硬性水泥是波特兰水泥(即硅酸盐水泥)。

骨料是粒状材料,如砂、石料等,术语"粗骨料"是指骨料粒径大于5mm(4号筛)的材料。

术语"细骨料"是指骨料料径小于5mm而大于0.075mm（200号筛）的材料。粗骨料中卵石是人工采集的未经破碎加工、表面相对圆滑，大小适中的材料。碎石是人工采集的大块岩石经加工破碎而得的材料。化铁高炉矿渣是炼铁工业的一种副产品，是在大气条件下固化的高炉矿渣经破碎而得的材料。细骨料（即砂）分天然砂和人工砂。人工砂是将碎石继续破碎筛分在0.075~5mm范围的材料；天然砂又可分为河砂、山砂和海砂。细骨料按细度分可分为粗砂、中砂、细砂和特细砂。具体分类标准本附录下面将会讲到。

水是混凝土拌合物中重要的材料，它参与水泥的水化反应，对混凝土的质量有影响。

外加剂是现代混凝土发展的产物，是根据施工需要或为了改善混凝土某种性能而在混凝土中添加的一种材料，用量很少，但作用很大。外加剂的开发和利用，大大改善了混凝土的性能并拓宽了混凝土的应用范围，常用的外加剂有减水剂、速凝剂、缓凝剂、泵送剂等。

掺合料是混凝土组成中的另一种附加材料，它的作用是作为填充料使用，有的也能改善混凝土某些方面的性能。例如粉煤灰能改善混凝土的和易性、防水性、还能减少一部分水泥用量。在混凝土中一般以砂为细骨料，石子为粗骨料，水泥、水、外加剂、掺合料等按一定的配合比通过拌合设备拌合而成。

2. 未凝固混凝土（混凝土拌合物）的和易性

混凝土在未凝结硬化以前，称为混凝土拌合物。它必须具有良好的和易性，便于施工，以保证

附录三 泵送混凝土基本知识

能获得良好的浇灌质量。和易性是指混凝土拌合物易于施工操作（拌合、运输、浇灌、捣实）并能获得质量均匀、成型密实的性能。和易性是一项综合的技术指标，包括有流动性、黏聚性和保水性三方面的含义。流动性是指混凝土拌合物在本身自重或施工机械振捣的作用下，能产生流动，并均匀密实地填满模板的性能。黏聚性是指混凝土拌合物在施工过程中，其组成材料之间有一定的黏聚力，不致产生分层离析的现象。保水性是指混凝土拌合物在施工过程中，具有一定的保水能力，不致产生严重的泌水现象。发生泌水现象的混凝土拌合物，由于水分泌出来会形成容易透水的空隙，而影响混凝土的密实性、降低质量。

由此可见，混凝土拌合物的流动性、黏聚性和保水性有其各自的内容，而它们之间是互相联系的，但常存在矛盾。因此，所谓和易性就是这三方面性质在某种具体条件下矛盾统一的概念。

目前，尚没有能够全面反映混凝土拌合物和易性的测定方法。在工地和试验室，通常是用坍落度试验测定拌合物的流动性，并辅以直观经验评定黏聚性和保水性。

测定流动性的方法是：将混凝土拌合物按规定方法装入标准圆锥坍落度筒（无底）内，装满，捣实刮平后，垂直向上将筒提起，移到一旁，混凝土拌合物由于自重将会产生坍落现象，然后量出向下坍落的尺寸（mm）就叫坍落度，作为流动性指标。坍落度愈大表示流动性愈大。附图 3-1 所示为坍落度试验。

根据坍落度的大小，可将混凝土拌合物分为：大流动性混凝土（坍落度不小于 160mm）、流动

混凝土泵车操作

性混凝土（坍落度为 100~150mm）、塑性混凝土（坍落度为 50~90mm）、低塑性混凝土（坍落度为 10~40mm）。

对于干硬性的混凝土拌合物（坍落度值小于 10mm）、通常采用维勃稠度仪附图 3-2 测定其稠度（维勃稠度）。

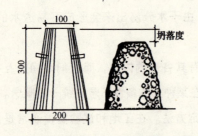

附图 3-1　混凝土拌合物坍落度的测定

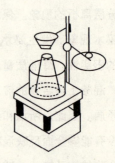

附图 3-2　维勃稠度仪

维勃稠度测试方法是：开始在坍落度筒中按规定方法装满混凝土拌合物，提起坍落度筒，在拌合物试体顶面放一透明圆盘，开启振动台，同时用秒表开始记时，到透明圆盘的底面完全为水泥浆布满时，秒表记时停止，关闭振动台。此时可以认为混凝土拌合物已落实。所读秒数称为维勃稠度。该法适用于骨料粒径不超过 40mm，维勃稠度在 5~30s 之间的混凝土拌合物稠度测定。

（二）混凝土的可泵性

可泵性混凝土的决定因素是合适的配合比，合适的配合比包括：水泥含量、混凝土的稠度、骨料级配三大要素。

三大要素往往相互交叉起作用，如当细骨料或水泥含量小而无法泵送时，可取较理想的骨料级配，提高含砂率，加水等方法来提高可泵性；当骨料级配不当，含砂率过低或片状碎石过多时，可增加小卵石，改变骨料级配，也可多加水泥和水，部分改善可泵性。

理想的混凝土由不同配比组成：粗骨料的空隙由中骨料填充，它们之间空隙由小骨料和细骨料填充，余留的空隙由胶结料填充并结合成一个整体。在泵送过程中，混凝土形成柱塞状流体。

1. 水泥

（1）水泥在泵送过程中的作用　未凝固混凝土，作为一种非常稀释的悬浮体，泵送过程中的泵送压力靠其中的液相物质传递。水泥的作用有两方面：一是胶结作用，使混凝土中的骨料始终保持悬浮状况，泵送过程中维持固相物质被液相物质包裹的状态；二是润滑作用，使混凝土同泵的机械部分、输送管道及混凝土内部的摩擦阻力见效而具有良好的流动性。

（2）水泥品种对混凝土可泵性的影响　水泥应具有良好的保水性能，使混凝土在泵送过程中不易泌水。普通硅酸盐水泥、火山灰水泥的保水性较好，而矿渣水泥的保水性差，用粉煤灰水泥，混

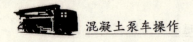

凝土流动性好。因此，采用后两种水泥时，其早期泌水性较大，需加大水泥用量，并采用较低的混凝土坍落度，且尽可能地连续泵送，以防止混凝土出现离析和泌水现象。

（3）水泥用量　水泥用量一般也存在一个最佳值。若水泥用量不足，将严重影响泵的吸入性能，同时使泵送阻力明显增加，并且混凝土保水性很差，容易泌水、离析和发生堵管；若水泥用量过大，则会使混凝土黏性过大，增大泵送阻力。但原则上讲，水泥用量过大时不会影响泵的吸入性能。

水泥用量与骨料品种的关系：同样粒径级配的卵石和碎石相比较，后者的水泥用量较大；人工破碎砂与天然砂相比较，前者的水泥用量较大。对于轻骨料或多孔性骨料，由于具有高压下吸水，低压下放水的特性，在泵送时容易使混凝土出现贫浆、干硬和泌水，因此应适当增加水泥用量。骨料粒径越小，相应的水泥用量应增加，因为骨料粒径小，其表面积增大，需要包裹的水泥浆增加，但当骨料粒径大于 40mm 时，超径骨料会破坏混凝土的连续性，水泥浆也难以将这些骨料充分包容，故水泥用量不能太少。

水泥用量与输送管口径、输送距离的关系：输送距离越长，输送管口径越小，则要求混凝土的流动性、润滑性、保水性越高，故应增大水泥用量。一般实际应用中，水泥用量最低限度为每方混凝土不少于 300～320kg 为宜。

（4）混凝土外加剂　如前所述，混凝土的配合比是影响泵送性能的关键因素，较严格的骨料级配,较高的水泥用量意味着泵送混凝土成本的提高,但提高水灰比和含砂率又会影响混凝土强度。一个比较经济而有效的办法是采用外加剂来改善混凝土的可泵性。外加剂的种类很多,其中能改善混凝土可泵性的外加剂有加气剂、减水剂、超塑化剂、缓凝剂及泵送剂。

2. 混凝土的稠度(坍落度)

所谓混凝土的稠度就是我们通常所说的干和稀,工程用语为混凝土坍落度(测量方法在上面已经描述),其对混凝土的可泵性来说非常重要,它决定了未凝固混凝土的使用性和变形能力。它主要取决于混凝土中水泥的量、骨料成分、细料的比例、加入水的量,但主要影响因素是混凝土的水灰比。

(1) 坍落度与泵送压力的关系 混凝土坍落度的大小反映其流动性能好坏,因此混凝土的输送阻力随着坍落度的增加而减小。换言之,坍落度越小,泵送压力越大,尤其是在坍落度值在15cm以下时,这种变化越为明显。

(2) 泵送混凝土的坍落度范围及对泵送容积效率的影响 根据经验可知,可泵送混凝土坍落度范围为6~23cm,一般控制在8~18cm,高层和长距离泵送一般控制在15cm左右。泵送混凝土的水灰比宜为0.4~0.6。如果出现坍落度损失过大,可在保持水灰比不变的条件下,同时加入水和水泥(坍落度过小,阻力增加,易堵管,泵送压力高;坍落度过大,混凝土易离析也易堵管)。

对不同泵送高度,入泵混凝土的坍落度可按(附表3-1)选用。

混凝土泵车操作

入泵混凝土的坍落度　　　　　　　　　附表 3-1

泵送高度（m）	30 以下	30~60	60~100	100 以上
坍落度（mm）	100~140	140~160	160~180	180~200

（3）混凝土坍落度的保证措施：

①严格控制混凝土的配合比；

②尽量缩短混凝土在泵送前的运输时间；

③保证混凝土的匀质性；

④采用符合国家标准的水泥，一般不得泵送速凝混凝土。

3. 骨料的级配

（1）细骨料　混凝土拌合物所以能在输送管中顺利流动，是由于砂浆润滑管壁和粗骨料悬浮在砂浆中的缘故。因而要求细骨料有良好的级配。

①细骨料的品质和质量　细骨料根据来源可分为河砂、海砂、山砂、人工碎砂。河砂作为细骨料可泵性最好，人工砂表面粗糙，砂形不好，可泵性较差，但其保水性较好。

②细骨料的粒度要求　细骨料可分为粗砂、中砂、细砂三类，其中中砂可泵性最好；使用细砂，

附录三 泵送混凝土基本知识

需要增加混凝土中水泥和水用量,加速泵机磨损;用粗砂容易产生离析,导致管道堵塞。所谓中砂是指细度摸数为 2.3~3.3 范围内的砂子。

我国现行《混凝土泵送施工技术规程》JGJ/T10—95 提供的细骨料最佳级配如附图 3-3 所示。图中粗线为最佳级配线,两条虚线之间区域为适宜泵送区。我国的规程亦规定,通过 0.315mm 筛孔的砂,其数量不应少于 15%。

③细骨料的用量　在泵送混凝土中,细骨料的用量同粗骨料的空隙率有很大关系,水泥砂浆必须充满粗骨料的间隙,这样不容易离析。如果含砂率偏低,空隙要由水泥来填充,这样必须增大水泥的用量,且混凝土易泌水和离析;如果含砂率过大,则水泥砂浆的流动性大大降低,泵送阻力显著增加,故在一定条件下都有个最佳含砂率。

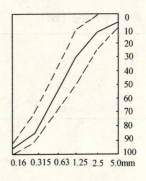

附图 3-3 细骨料最佳级配曲线

在含砂率高的情况下,泵送阻力显著增加,但对混凝土的可泵性无显著影响。如果粗骨料级配合理,则骨料最大粒径越大,最佳含砂率就越低。一般情况下,混凝土的含砂率可按附表 3-2 推荐含砂率表选取。

综上所述:砂中通过 0.315mm 筛孔的数量对混凝土可泵性的影响很大;泵送混凝土的含砂率宜为 38%~45%。细骨料宜采用中砂,通过 0.315m 筛孔的砂量不应少于 15%。

推荐含砂率表（%）　　　　　　　　　　　　　　　　附表 3-2

粗骨料最大粒径（mm）	混凝土含砂率	掺加气剂混凝土		无加气剂混凝土	
		卵石	碎石	卵石	碎石
15		48	53	52	54
20		45	50	49	54
30		42	45	45	49
40		40	42	42	45

注意：含砂率最小应不低于 40%，否则泵送十分困难。

（2）粗骨料

①粗骨料的品种和质量　泵送混凝土可以采用卵石、碎石或卵石和碎石混合骨料。卵石骨料混凝土的可泵送性最好，混合骨料次之，碎石稍差。

碎石中针片状骨料含量过大泵送性能差，一般针片状碎石含量控制在 5% 以内。另外，孔隙率较大的碎石（如火山石、多孔骨料）泵送性也差，在泵送过程中，泌水较严重，容易出现堵管现象。

②粗骨料最大粒径　泵送混凝土的粗骨料最大粒径受输送管路最小口径的限制，控制粗骨料最大粒径与混凝土输送管径之比，目的主要是防止混凝土拌合物泵送时管道堵塞，保证泵送顺利进行。

附录三 泵送混凝土基本知识

最大粒径与输送管径之比为：泵送高度在50m以下时，对于碎石不宜大于1:3，对于卵石不宜大于1:2.5；泵送高度在50~100m时，宜在1:3~1:4范围；泵送高度在100m以上时，宜在1:4~1:5之间。针片状颗粒含量不宜大于10%。例如在125mm直径的输送管中，可以通过少量粒径达60mm的骨料，不过这种超径骨料的比例不得大于2%，而且它们必须是分散的，粗骨料最大粒径限制见附表3-3：

输送管径与粗骨料最大粒径对应表　　　　　　　　附表3-3

输送管最小直径（mm）	粗骨料最大粒径（mm）	
	卵　石	碎　石
125	40	30
150	50	40

③粗骨料的颗粒级配　粗骨料的级配、粒径和形状对混凝土拌合物的可泵性影响很大。级配良好的粗骨料，空隙率小，对节约砂浆和增加混凝土的密实度起很大作用。

泵送混凝土粗骨料级配以最小空隙为原则，较小的空隙才能以较少的水泥及砂用量获得较好的可泵性。混凝土的可泵性对于粗骨料级配间断或不均匀的反应十分敏感，特别是在大高度的长距离泵送时，粗骨料的级配至关重要，多加水泥和多加水都是无用的，因此，不要误认为粗骨料粒径越

混凝土泵车操作

小越好，也不要误认为小径骨料越多越好，最重要的是粗骨料的合理级配。

粗骨料的级配应符合下列要求：

附图3-4所示为我国行业标准《混凝土泵送施工技术规程》（JGJ/T 10—95）推荐的最佳级配图，其中对5~20mm、5~25mm、5~31.5mm和5~40mm的粗骨料分别推荐了最佳级配曲线，图中粗实线为最佳级配线，两条虚线之间的区域为适宜泵送区，为此在选择粗骨料最佳级配区时宜尽可能接近两条虚线之间范围的中间区域。附表3-4所示为工程实践获得的最佳粗骨料级配，可供对照参考。

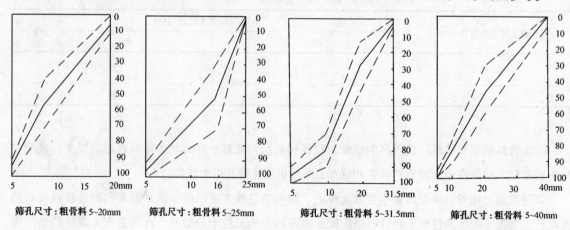

附图3-4　粗骨料最佳级配图

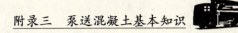

粗骨料级配标准表（各种骨料粒径范围骨料通过各标准筛的重量百分比（%））　　　附表 3-4

粒径范围 (mm)	筛孔的名义尺寸（mm）								
	50	40	30	25	20	15	10	5	2.5
40～5	100	100～90			70～35		30～10	5～0	
30～5		100	100～95		75～40		35～10	10～0	5～0
25～5			100	100～90	90～60		50～20	10～0	5～0
20～5				100～90	100～90	(80～55)	50～20	10～0	5～0

值得一提的是：粗骨料粒径出现简短级配时，可采用 5～10mm 粒径骨料，或用 20～30mm 粒径的骨料代替，同时采用适当极大含砂率的办法，这样不仅能使混凝土的强度提高，同时能获得更好的泵送性能。

主要参考文献

[1] 闻德荣. 我国混凝土行业的和谐、科学发展.《混凝土》, 2007.
[2] 张国忠、王福良等. 现代混凝土泵车及施工应用技术. 北京: 中国建材工业出版社.